Pilze für Ahnungslose

KOSMOS

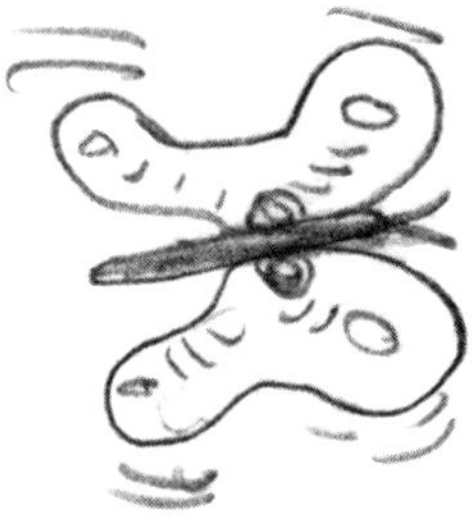

Für
Lisa & Verena
Pilzgören Forever!

Pilze für Ahnungslose

Entdecke die Welt der Pilze für dich.

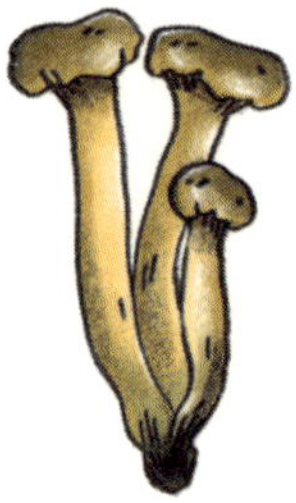

Vorwort

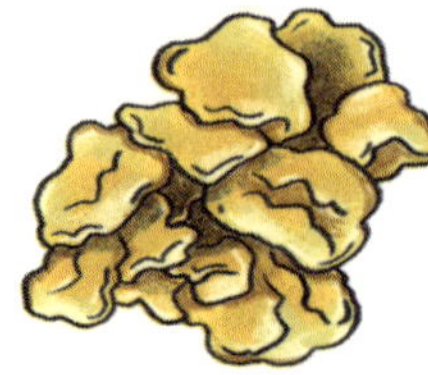

Warum ausgerechnet … Pilze?

Warum eigentlich nicht? Als Biologin habe ich ein Faible für ungeliebte Organismengruppen. Insekten, Amphibien, Pilze … was bei vielen Mitmenschen Unbehagen oder sogar Ekel auslöst, versetzt mich in schwärmerische Begeisterung. Und die möchte ich gerne teilen, denn hinter Gekrabbel und Gewusel, hinter Krötenschleim und Pilzmyzel, liegt Schönheit verborgen. Jedes Lebewesen auf dieser Welt ist perfekt. Es passt perfekt in seine ökologische Nische und ist optimal an die dort vorherrschenden Bedingungen angepasst. Im Laufe vieler Millionen Jahre hat die Evolution auf unserem unglaublichen Planeten ein so komplexes Netz aus Abermilliarden dieser perfekten Lebensformen gewebt, dass es einem vor Ehrfucht schon mal den Atem verschlagen kann.

So weit, so kompliziert

Selten war dieses Netz so bedroht wie heute. Wir Menschen haben diese erstaunliche Superkraft, Mitgefühl und Empathie zu empfinden und das sogar über Artgrenzen hinweg. Gleichzeitig können wir uns beängstigend gut von allem distanzieren, was unseren Zielen im Wege steht und damit jede Grausamkeit rechtfertigen. Wir erfinden Moral und höhlen sie gleichzeitig aus. Es gibt immer ein Schlupfloch. So trampeln wir „modernen Menschen" seit erdgeschichtlich lächerlichen 300.000 Jahren über den Planeten und reißen immer größere Löcher in das Netz, das uns selbst trägt.

Unser großes Potenzial ist also gleichzeitig unsere Achillesferse, na schönen Dank auch. Darüber kann man schon mal verzweifeln. Aber was wäre, wenn wir Verzweiflung ersetzen könnten durch Neugierde? Wenn wir Gleichgültigkeit verwandeln könnten in Anteilnahme? Was wäre, wenn wir gemeinsam eine Tür aufstoßen könnten in die Welt hinter unserem Alltag? Alles, was wir dafür brauchen, ist Wissen und jemanden mit Erfahrung, der uns auf die feinen Fäden aufmerksam macht, die alles verbinden. Danach musst du nur noch den Fäden folgen und deine eigenen Entdeckungen machen. Das Staunen und das Glück kommen dann ganz von alleine.

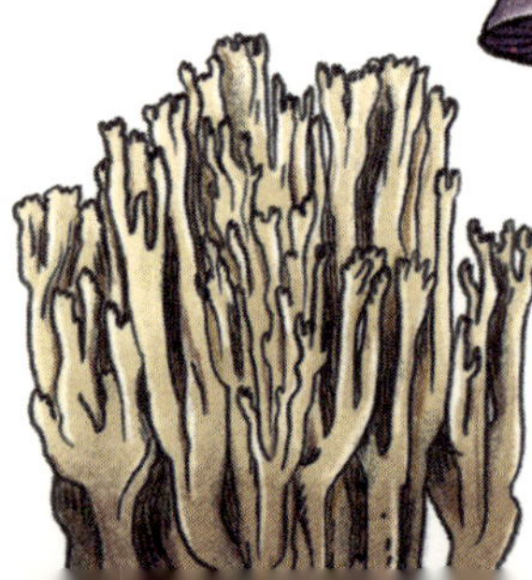

Sind Pilze der Schlüssel zum Glück?

Pilze sind Fadenwesen, die alles durchdringen: den Boden, das Holz der Bäume und jedes andere Substrat. Sie nehmen als Baumpartner, Zersetzer, Lebensraum und Nahrung Schlüsselpositionen in Ökosystemen ein. Dadurch wird Vernetzung in der Natur greifbar. Wir können sie mit eigenen Augen sehen und erleben. Das finde ich absolut großartig! Wenn ich „in den Pilzen" unterwegs bin, lerne ich jedes Mal dazu, nicht nur über den Pilzfund des Tages, sondern meist auch viel über den Lebensraum und andere Organismen, die dort mit den Pilzen verbunden sind.

Pilze sind überall. Gleichzeitig sind sie fremdartig und rätselhaft. Sie tauchen plötzlich auf und vergehen wieder. Wir wissen erstaunlich wenig über sie, kennen gerade einmal einen Bruchteil aller potenziell existierenden Arten genauer. Ob ich das aufregend finde? Hell, yes! Pilze nähren und Pilze töten. Sie machen uns (und andere) krank, können aber auch zur Linderung von Beschwerden eingesetzt werden. Manche nutzen sie als spirituelle Wegbegleiter, andere verarbeiten sie kreativ zu Farbe oder Papier. Jeder Pilz ist Einladung und Warnung zugleich: Lass dich nur mit uns ein, wenn du weißt, was du tust! Und das ist auch schon das Schlüsselwort: Wissen. Durch Wissen und Erfahrungen kannst du verstehen, was die Welt um dich herum zusammenhält. Du kannst hier und da unter die Oberfläche tauchen. Wissen befähigt zu Selbstwirksamkeit und Selbstwirksamkeit mündet in Zufriedenheit. Wer außerdem die Lebewesen in seiner Nachbarschaft bewusst beobachtet und mit jeder Begegnung etwas Neues erfährt, geht eine Verbindung ein. Das ist bei Pilzen nicht anders. Also ja, Pilze können ganz entscheidend dazu beitragen, etwas mehr Glück in deinen Alltag zu zaubern.

Ab nach draußen!

Alles, was du tun musst, ist rauszugehen und auszuprobieren, ob der Zauber der Pilze auch etwas für dich ist. Spannende Entdeckungen kannst du das ganze Jahr über und an ganz unterschiedlichen Orten machen. Die erstaunlichste Begegnung des Tages könnte nur einen Blumentopf entfernt auf dich warten. Ich möchte dir mit diesem Buch zugänglich aufbereitetes Vorwissen an die Hand geben. Mein Ziel ist es, deine Neugierde zu entfachen. Den Rest machst du dann so, wie es für dich am besten passt. Und wer weiß, vielleicht wird aus Neugierde bald Begeisterung und ein veränderter Blick auf unsere wunderschöne, schützenswerte, einzigartige Welt. Wie gut wäre das?

Pilze für Ahnungslose

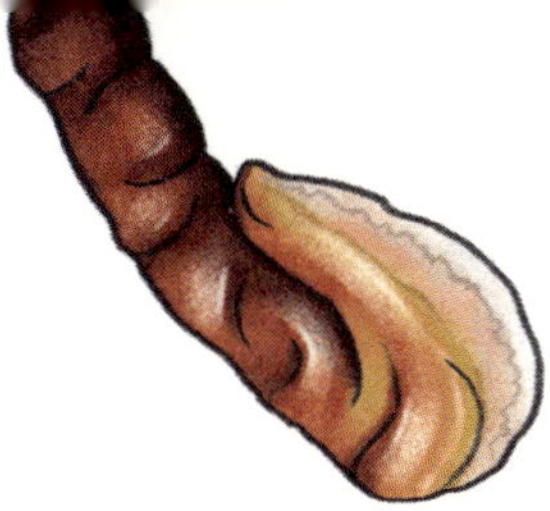

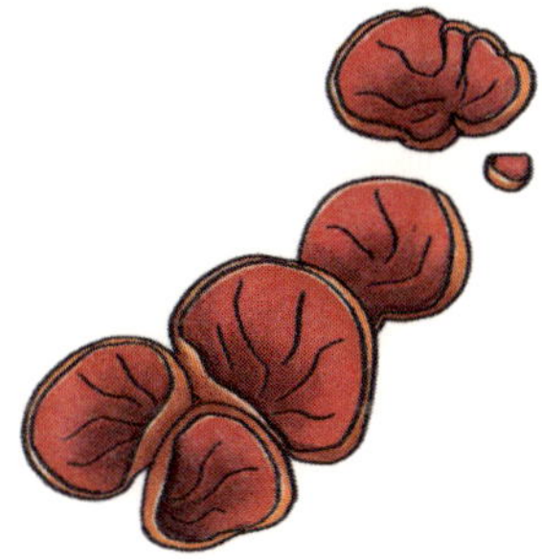

Warum ausgerechnet ... Pilze?

Pilze haben etwas Magisches, Koboldhaftes. Sie tauchen unerwartet auf und vergehen bald darauf wieder. In Hexenringen und auf alten Baumstümpfen kannst du sie finden. Mal leuchtend bunt und prächtig, mal klein und unscheinbar. Jede Jahreszeit und jeder Lebensraum bieten dir eine Fülle an tollen Beobachtungsmöglichkeiten:

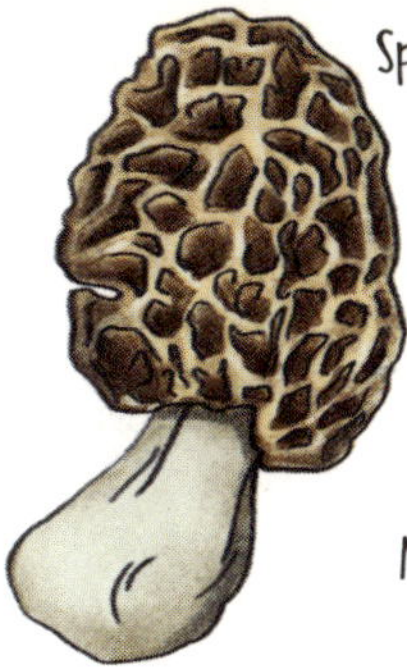
Speisemorchel

Mairitterling

Frühling

MORCHELN und MAIRITTERLINGE kündigen den Pilzfrühling an. Sie sind die ersten ergiebigen Speisepilze, die du im Jahresverlauf finden kannst.

Sommersteinpilz

Schmetterlingstramete

Sommer

Je nach Witterung zeigen sich die ersten Fruchtkörper der Sommerpilze schon ab Mai/Juni. Weniger hitze- und trockenheitsempfindliche Pilze, wie einige Baumschwämme, kannst du das gesamte Jahr über in mehr oder weniger gutem Zustand entdecken.

Fliegenpilz

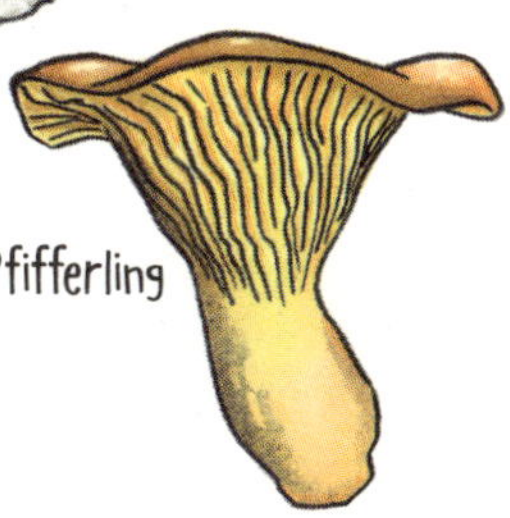
Pfifferling

Herbst

Spätestens jetzt pilzt es in allen Ecken und Winkeln. Ein Ausflug in den nächstgelegenen Wald lohnt sich. Dort kannst du viele Arten auf einmal entdecken.

Samtfußrübling

Austernseitling

Winter

Einige Arten wie AUSTERNSEITLINGE oder SAMTFUSSRÜBLINGE trotzen gekonnt der Kälte und Trockenheit des Winters. Ihre Fruchtkörper enthalten ein natürliches Frostschutzmittel.

Alles, was du tun musst, ist genau hinzuschauen und dich von der Vielfalt und Schönheit der Pilze bezaubern zu lassen.

Die Geschichte vom Nudelhaufen

Pilze reizen mich schon seit langem. Ich finde sie wunderschön, geheimnisvoll, faszinierend – aber auch gefährlich. Menschen, die sich gut auskennen und regelmäßig „in die Pilze" gehen kamen mir lange Zeit vor wie die Hüter*innen geheimen Wissens. Nur ihre Erfahrung trennte sie von einem qualvollen Ableben durch den Verzehr der falschen Pilze. Das alles änderte sich schlagartig im Zuge eines verregneten Familienausflugs ...

Seht ihr?!?
Das ist ne Krause Glucke. Mein Vater hat die früher immer mit uns gesammelt.
Du meinst, die kann man ESSEN?!
Ja. Die sind total lecker!
Und, was meint ihr: Nehmen wir sie mit?
!
M
Da ist noch eine!!

Da ist NOCH eine!!!
Hey, ich hab BLAUE Pilze gefunden!
Hiiiiiih, die hier sind voll SCHLEIMIG!!
An diesem Tag hatte ich, ohne es zu ahnen, die unsichtbare Grenze zur Welt der Pilze überschritten. Ein Zufallsfund reichte aus, um die Neugierde größer werden zu lassen und den „Weg der Pilze" zu beschreiten.

Diese Neugierde wird bis heute reich belohnt. Von den Pilzen lernen, heißt immer auch über die verborgenen Verknüpfungen der belebten Welt zu lernen. Je besser ich mich innerhalb dieser vielfältigen Organismengruppe auskenne, desto mehr gibt es zu entdecken und zu bestaunen. Pilze können echte Augen- und Türenöffner sein.

Auch dir steht die Welt der Pilze offen. Egal, auf welchem Weg du einsteigst – wenn du mit wachem Blick und etwas Vorbereitung loslegst, geht es immer nach vorne. Bei den Pilzen gleicht kein Tag dem anderen. Dich erwarten erstaunliche Überraschungen und unverhoffte Begegnungen. Und das lohnt sich! Denn …

Pilze sind ... wunderschön anzusehen.

Ein gemütlicher Steinpilz, der sich unter seinem samtigen Hut in ein grünes Moospolster kuschelt, ein Meer aus durchscheinenden Hütchen, getragen von hauchdünnen, anmutig gebogenen Stielen, ein Ring aus Fliegenpilzen, leuchtend rot auf weißem Fuß, ein abgestorbener Baumstumpf, aus dessen Rinde Zunderschwämme treppenartig emporwachsen ... die Schönheit der Pilze kann eigentümlich sein. Wer sich auf sie einlässt, wird allerdings reich belohnt:

Papageigrüner Saftling*
[Gliophorus psittacinus]

Kirschroter Saftling*
[Hygrocybe coccinea]

Grünspan-Träuschling
[Stropharia aeruginosa]

Gestreifter Teuerling
[Cyathus striatus]

Violetter Rötelritterling
[Collybia nuda]

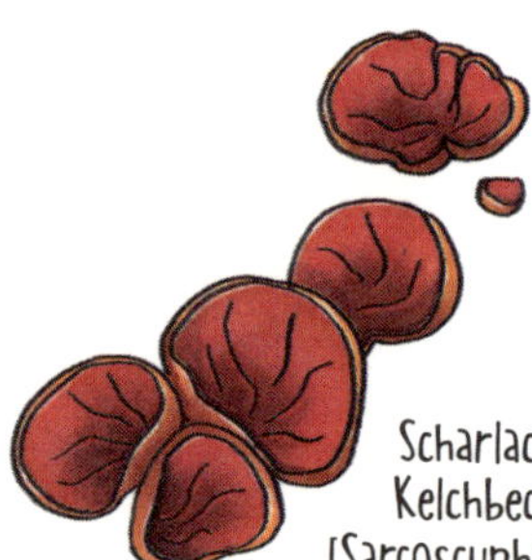

Scharlachroter Kelchbecherling
[Sarcoscypha coccinea]

Klebriger Hörnling
[Calocera viscosa]

* streng geschützt

Fliegenpilz
[Amanita muscaria]

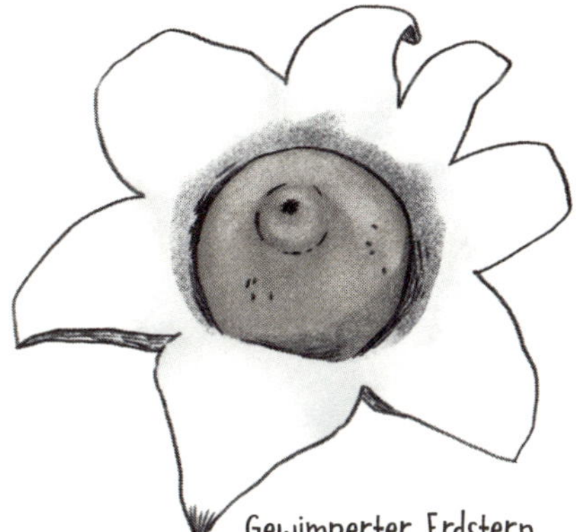

Gewimperter Erdstern
[Geastrum fimbrinatum]

Specht-Tintling
[Coprinus picacea]

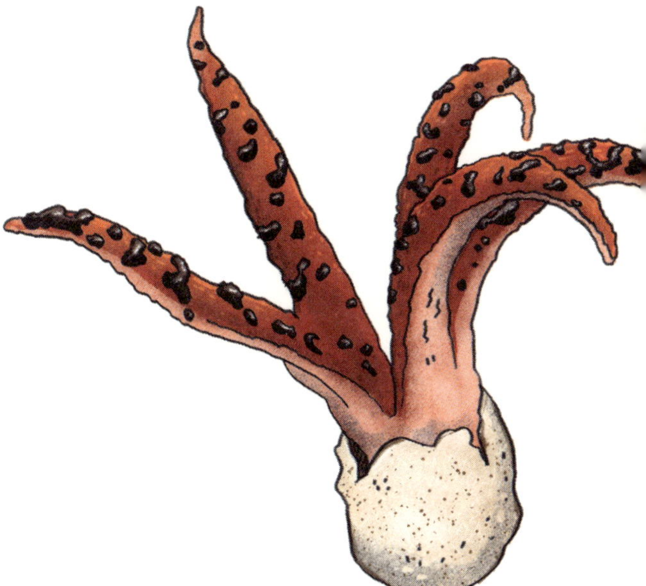

Tintenfisch-Gitterling
[Clathrus archeri]

Gemeiner Spaltblättling
[Schizophyllum commune]

Vom winzigen Grünspanbecherling bis hin zum Riesenschirmling: Pilze kommen in allen erdenklichen Variationen, Farben und Formen vor. Du willst richtig abgefahrenes Zeug sehen? Dann bist du in der Welt der Pilze goldrichtig!

Pilze sind ... aufregend unbekannt.

Bis ins späte 20. Jahrhundert wurden Pilze zu den Pflanzen gezählt. Heute bilden sie NEBEN den Tieren und Pflanzen ein eigenes Reich innerhalb der Domäne der eukaryotischen* Lebewesen. Was wir gemeinhin als „Pilz" bezeichnen, ist allerdings nur der sichtbare, der Fortpflanzung dienende FRUCHTKÖRPER. Das eigentliche Lebewesen bildet ein weit verzweigtes Netz (Myzel) aus feinen Fäden (Pilzzellen), meist verborgen in geeignetem Substrat wie Erde, Holz und anderen organischen Materialien. Pilze können aber auch einzellig und winzig klein sein. Auch Hefe- und Schimmelpilze gehören in dieses Reich. Mittlerweile wissen wir, dass die Pilze das zweitgrößte Organismenreich sind. Und doch kennen wir nur einen verschwindend kleinen Teil dieser artenreichen Gruppe – obwohl aktuell jedes Jahr um die 1500 neue Arten beschrieben werden.

Die GESAMTZAHL aller Tierarten der Erde wird auf 7 Mio. geschätzt. Davon sind derzeit knapp 20 Prozent wissenschaftlich erfasst.

* Eukaryotisch sind Organismen oder Zellen, die u. a. einen echten Zellkern besitzen.

Pilze

3,8 Mio. Arten

Von den schätzungsweise 3,8 Mio. existierenden Pilzarten kennen wir dagegen nicht mal 4 Prozent.

ca. 150.000 davon aktuell erfasst

Pflanzen

Das Pflanzenreich ist vergleichsweise gut erforscht. Hier beträgt der Anteil bekannter Arten etwa 80 Prozent.

390.000 Arten weltweit geschätzt

300.000 davon bereits erfasst

Pilze kommen in allen Ökosystemen der Erde vor. Die meisten Arten finden sich an Land, aber auch wasserlebende Pilze sind bekannt. Als Flechten konnten sie sich in Symbiose mit Algen sogar die arktischen Regionen unseres Planeten erschließen. Im besten Fall warten etwa zwei bis drei MILLIONEN ARTEN, und hier hauptsächlich sogenannte Kleinpilze**, auf ihre Entdeckung - eine Mammutaufgabe für die Wissenschaft, die bei unserem gegenwärtigen Tempo bis zu 2500 Jahre in Anspruch nehmen würde. Das alles macht die Pilze auch auf lange Sicht zu GROSSEN UNBEKANNTEN in unseren globalen Ökosystemen.

** Die Aufteilung in Groß- und Kleinpilze ist nicht wissenschaftlich, sondern eher praktisch motiviert und in ihren Details stellenweise umstritten. Als grobe Annäherung können wir sagen: Einzelne Fruchtkörper von Vertretern der Kleinpilze sind mit dem bloßen Auge nicht mehr in allen Details erkennbar.

Pilze sind … unentbehrlich.

Pilze bringen es weltweit auf etwa sechsmal so viel GESAMT-BIOMASSE* wie alle Wildtiere gemeinsam, Menschen mitgerechnet. Zwar wirken sie meist im Verborgenen, stellen aber dennoch eine Gruppe von enormer ökologischer Bedeutung dar. Pilze sind:

Zersetzer

Pilze zerknuspern mit Vorliebe organisches Material. Pflanzenteile, Totholz, Kot und Kadaver werden mit Hingabe zersetzt und die darin enthaltenen Nährstoffe wieder als Humus verfügbar gemacht. Eine Welt ohne diese emsigen Gestalten möchte ich mir lieber nicht vorstellen …

Gestalter

Holzzersetzende Arten schaffen gute Bedingungen für Insekten, Vögel, Fledermäuse und Co., indem sie u. a. die Bildung natürlicher Höhlen begünstigen. Aber auch die Pilzkörper selbst können zum Lebensraum für Kleinstlebewesen werden.

Leckerbissen

Pilze schmecken nicht nur uns Menschen. Andere Säugetiere, Schnecken und weitere kleine Lebewesen wissen diesen nahrhaften Snack ebenfalls zu schätzen. Was nicht auf diese Art verspeist wird, dient Schimmelpilzen und anderen Mikroorganismen als Nahrungsgrundlage.

* Als Biomasse bezeichnen wir das gesamte organische Material der Lebewesen oder ihrer Körperteile.

Netzwerker

Über 90 Prozent aller Pflanzen sind über ihr Wurzelwerk mit Pilzen vernetzt (Mykorrhiza). Auch Flechten profitieren davon, dass hier Pilz mit Algen oder Cyanobakterien eine Art Zweck-WG gegründet haben. Verschiedene Tierarten sind auf Pilze als Partner angewiesen, um schwer verdauliche Nahrung wie Holz aufzuschlüsseln. Pilze sichern dadurch nicht nur die Vielfalt heutiger Lebensräume, sondern dazu noch Getreide- und Obstanbau, Milch- und Waldwirtschaft.

Parasiten

Pilze, die andere Organismen als Wirte benutzen, leisten einen wichtigen Beitrag zur Artenzusammensetzung in einem Ökosystem und damit letzten Endes auch zum Erhalt biologischer Vielfalt. Interessant: Viele Pilze starten ihre Karriere als Parasit an noch lebenden Bäumen und wirken anschließend als Zersetzer weiter. So erfüllen sie eine Doppelrolle. Auch die Pilzkörper selbst können von anderen Pilzarten besiedelt und zersetzt werden.

Bodenverbesserer

Ein Kilogramm Waldboden kann mehrere Kilometer Pilzmyzel enthalten! Das trägt zur Lockerung und Strukturierung des Bodens bei. Pilze können außerdem CO_2 binden und Stoffe ausscheiden, die dabei helfen, mehr Wasser im Boden zurückzuhalten. Auch landwirtschaftlich genutzte Böden profitieren auf diese Weise vom verborgenen Wirken der Pilze.

Das stimmt. Und da hört es ja nicht auf …

10 Dinge, die es ohne Pilze nicht geben würde

Pilze begleiten uns Menschen schon seit Tausenden von Jahren. Wir nutzen sie zur Herstellung und Veredelung von Lebensmitteln und Getränken. Auch bei der Verarbeitung von Rohstoffen oder der Produktion von Medikamenten spielen sie eine wichtige Rolle.

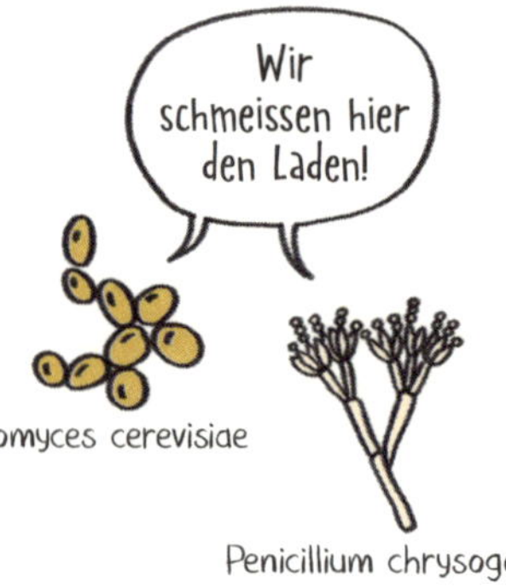

1. BIER & WEIN

Hefepilze wie Saccharomyces cerevisiae vergären* Zucker zu Alkohol. Edelfäule an Trauben verleiht dem Wein ein besonderes Aroma.

2. ANTIBIOTIKA

Schimmelpilze wie Acremonium chrysogenum und Penicillium chrysogenum produzieren Antibiotika. Mit ihrer Hilfe schützen wir uns vor bakteriellen Infektionen.

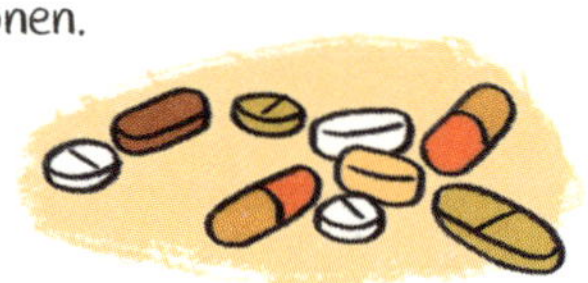

3. ZITRONENSÄURE

entsteht als Produkt der Fermentation** durch den Schimmelpilz Aspergillus niger.

4. KÄSE

Pilze produzieren Lab-Austauschstoffe, die die Gerinnung der Milch einleiten. Bei der Reifung tragen sie dann zur Aromabildung, zum Laktoseabbau und zur Entsäuerung des Käses bei.

5. SOJASAUCE

Aspergillus oryzae, Aspergillus soja oder Aspergillus tamarii heißen die Schimmelpilze, die Sojabohnen und Weizen in köstliche Sojasauce verwandeln. Unterstützt werden sie durch Milchsäurebakterien und Hefepilze.

* Gärung = Lebewesen bauen organische Stoffe zur Energiegewinnung ohne Sauerstoff ab.
** Fermentation = Organische Stoffe werden in Säure, Gase oder Alkohol umgewandelt.

6. SCHOKOLADE

Ohne Hefen und Bakterien keine Schokolade. Die fleißigen Mikroorganismen fermentieren das Fleisch der Kakaofrucht und setzen dadurch den Startschuss für die aromatische Verwandlung der bitteren Kakaobohnen hin zur schokoladigen Leckerei.

7. GEBÄCK

Kleinen, einzelligen Pilzen wie der Bäckerhefe haben wir es zu verdanken, dass wir luftiges, aromatisches Brot und Gebäck schmausen können.

8. LAKTOSEFREIE MILCH

Das für die Herstellung von laktosefreier Milch benötigte Enzym Laktase wird aus den Pilzen Aspergillus und Kluyveromyces gewonnen.

9. STONEWASHED JEANS

Der coole Look dieser Jeans wurde früher aufwändig mit Bimssteinen erzeugt. Heute geht das einfacher mit – du ahnst es schon – einem von Pilzen erzeugten Enzym: der Cellulase.

10. WASCHMITTEL

Moderne Waschmittel enthalten Enzyme, die helfen, Proteine, Fette, Stärke und andere Rückstände abzubauen. Und wer produziert diese Enzyme in ausreichend großer Menge? Na klar, unter anderem Pilze!

Hättest du gewusst, dass in all diesen Dingen die Kraft der Pilze steckt? Und da ist noch so viel mehr! Die Pilzforschung untersucht weitere zukünftige Einsatzgebiete für Pilze, zum Beispiel: in der Aufwertung und Entgiftung ausgelaugter Böden, als Grundlage für nachhaltiges Verpackungsmaterial, für die Beseitigung von Plastik, als Baustoff, in der Krebstherapie, und, und, und … Pilze sind fester Bestandteil unseres Lebens. Hast du Lust, sie genauer unter die Lupe zu nehmen?

Der Pilz und du – Beziehungsstatus: kompliziert

Und wenn du dich bisher so GAR NICHT für Pilze begeistern konntest, ist das natürlich auch okay. Wenn wir ehrlich sind, gibt es auch genug Gründe, die uns erst einmal auf ABSTAND halten.

Pilze können Nutzpflanzen befallen und Ernten vernichten. Manche von ihnen wachsen in unseren Körpern und wenn das mal passiert ist, werden wir sie nur schwer wieder los. Andere lösen Krankheiten aus oder sind tödlich giftig (mehr dazu auf Seite 60). Pilze sind vielen Menschen aus diesen oder anderen Gründen suspekt, was ich gut verstehen kann.

Mein persönlicher Ansatz gegen das Unbehagen: LERNEN und BEGREIFEN. Welche Pilze sollte ich unter keinen Umständen essen, weil sie tödlich giftig sind? Für wen sind Pilzinfektionen gefährlich und warum? Was passiert, wenn ich einen Giftpilz anfasse? Wie verhalte ich mich, wenn doch mal was schiefgegangen ist beim Pilzschmaus?

Grüner Knollenblätterpilz
tödlich giftig: Essen verboten, anfassen erlaubt, denn bei uns in Europa gibt es bisher KEINE KONTAKTGIFTIGEN Pilze

Auf der anderen Seite sind mikroskopisch kleine Pilze natürlicher Bestandteil unseres Mikrobioms. Es gibt Heil- und Nutzpilze, die Menschen seit Jahrtausenden einsetzen*. Pilze BEREICHERN unseren Speiseplan und unseren Alltag. Sie sind unentbehrlich für die Natur. Kein Schatten kommt ohne Licht aus. Da machen auch Pilze keine Ausnahme.

Birkenporling
hilft bei Magen-Darm-Beschwerden

Zunderschwamm
dient als Feueranzünder

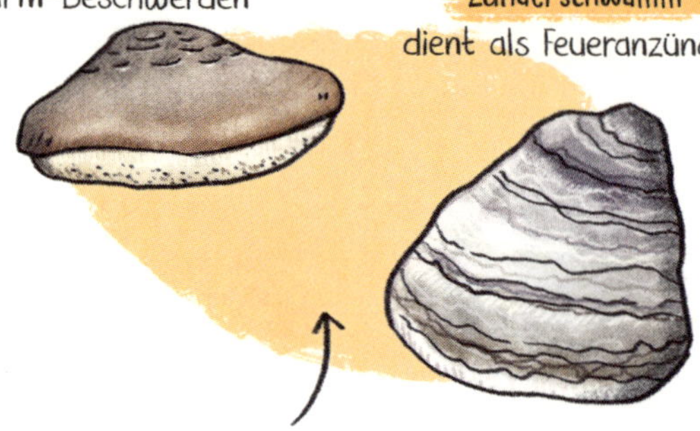

Diese zwei Pilze hatte schon der Steinzeitmensch Ötzi vor über 5000 Jahren im Gepäck.

* mehr dazu ab Seite 62.

Dann ist das mit der BEGEISTERUNG ja auch so eine Sache: Manchmal braucht sie einfach etwas Zeit. Manchmal reicht eine Zufallsbegegnung, um den kleinen Funken hell auflodern zu lassen.

Egal, ob du jetzt vor Begeisterung direkt losstürmen willst, oder eher zurückhaltend unterwegs bist: Die Welt der Pilze steht dir offen. DEIN WISSEN ist der Schlüssel dazu. Wegbereiter*innen gibt es viele. Bist du soweit, den ersten Schritt zu wagen?

Abenteuer Pilze: Wo und wie fange ich an?

Die Welt der Pilze erschließt sich dir nicht auf einen Schlag, sondern ganz entspannt nach und nach. Wenn du dich einlassen kannst und der Funke überspringt, kann sie dich allerdings ein Leben lang begeistern. Aber kein Stress: DU gibst dabei Richtung und Tempo vor. DIR soll dieses Abenteuer ja in erster Linie SPASS machen.

Also, wie würdest du gerne starten? Was möchtest du verstehen? Welche Themen reizen dich ganz besonders? Folge deiner Neugierde, geh raus und schau dich um. An diesem Punkt kannst du eigentlich nur gewinnen.

Lass dich von deinen Interessen und Fragen leiten. Dann wird aus Skepsis Neugierde (In meinen Augen eine absolute Superkraft!) und bald Begeisterung. Den Fahrplan für die ersten Schritte hältst du hier in der Hand. Nutze dieses Buch gerne so, wie es für dich passt.

Dabei fängt übrigens niemand bei Null an. Auch du nicht. Neben Fliegenpilz und Champignon hast du ganz bestimmt einige der Pilze auf dieser Doppelseite irgendwann schon einmal gesehen, sei es in der freien Natur, auf Fotos oder im Film:

Amanita muscaria

☐ schon gesehen

☐ kenne ich:

_ _ i e _ _ _ _ _ _ z

Boletus edulis

☐ schon gesehen

☐ kenne ich:

Gemeiner S _ e _ n _ _ _ _

Pleurotus ostreatus

☐ schon gesehen

☐ kenne ich:

_ u _ _ _ _ _ _ e _ _ _ _ _ g

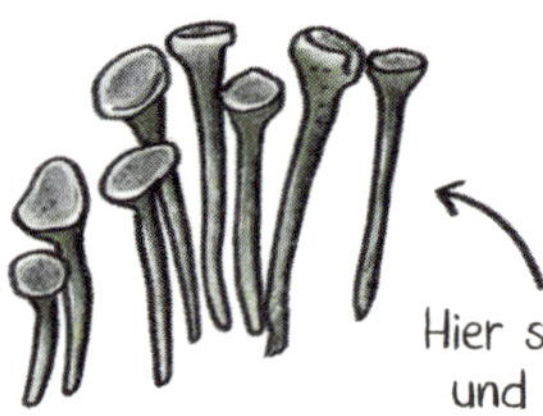

Hier stecken Pilz und Alge drin!

Cladonia fimbriata

☐ schon gesehen

☐ kenne ich:

_ _ o _ _ _ _ _ _ f l _ _ _ _ _

Penicillium italicum

☐ schon gesehen

☐ kenne ich:

Italienischer _ i _ _ _ _ _ _ _ _ m m _ _

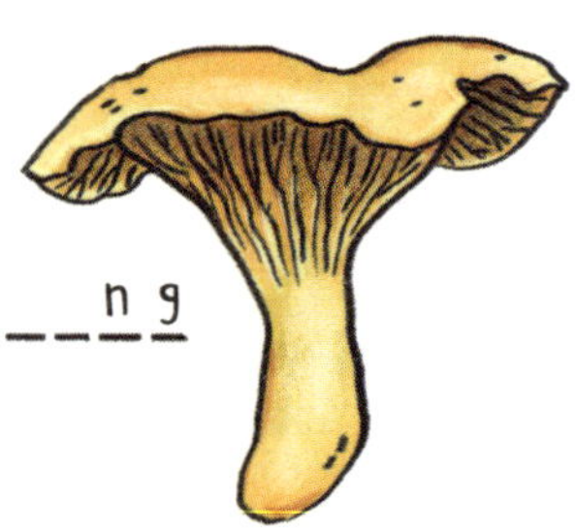

Cantharellus cibarius

☐ schon gesehen

☐ kenne ich:

Echter _ f _ _ _ _ _ _ _ n g

Coprinus comatus

☐ schon gesehen

☐ kenne ich:

_ _ _ o _ _ t i _ _ _ _ _ _

Amanita phalloides

☐ schon gesehen
☐ kenne ich:

Grüner _ _ _ l l _ _ _ _ _ ä _ _ _ _ _ -
_ _ _ _

angeschnitten

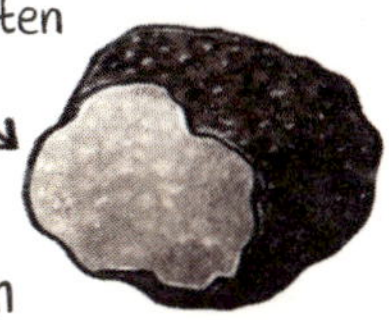

Tuber aestivum

☐ schon gesehen
☐ kenne ich:

_ _ m m _ _ _ _ ü _ _ _ _

Morchella elata

☐ schon gesehen
☐ kenne ich:

S p _ _ _ _ o _ _ _ _ _ _

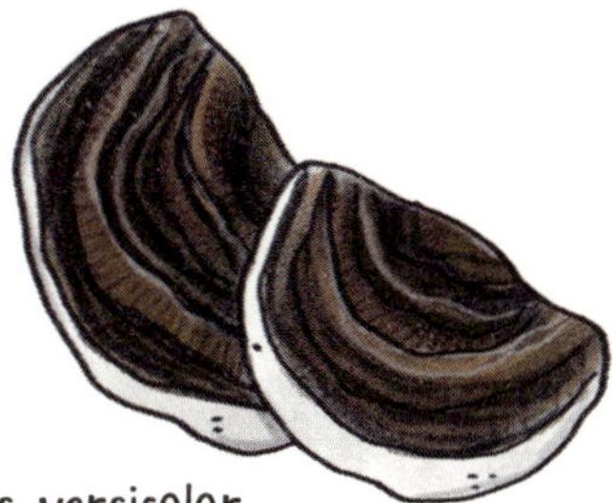

Trametes versicolor

☐ schon gesehen
☐ kenne ich:

_ _ _ _ _ _ t t _ _ _ _ _ _ _ _ -
_ _ a _ _ _ _

Agaricus campestris

☐ schon gesehen
☐ kenne ich:

W _ _ _ _ _ _ _ _ _ _ _ _ _ g n _ _ _

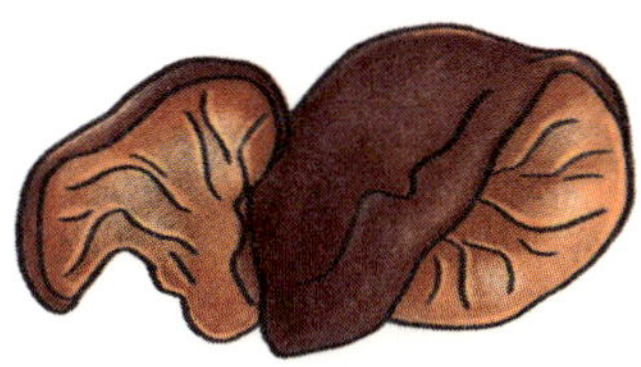

Auricularia auricula-judae

☐ schon gesehen
☐ kenne ich:

J _ _ a _ _ _ _ r

Cortinarius violaceus

☐ schon gesehen
☐ kenne ich:

M _ t t _ _ _ _ _ _ _ _ _ s -
_ _ _ _ z

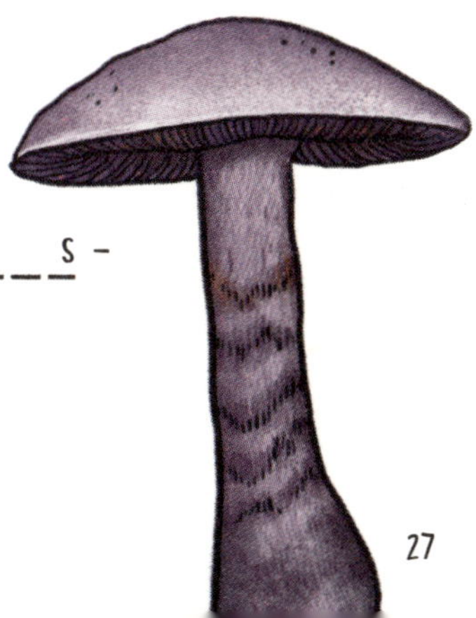

Und bei uns gilt immer: Mut zur Lücke! Wenn du mit diesem Buch durch bist, kannst du hier noch einmal vorbeischauen und der Rest der Pilzbande easy-peasy ergänzen. Let's go!

Grundausrüstung

Erkennen & Einordnen

1. Vor dem Erkennen steht das KENNENLERNEN. Bücher helfen dir dabei, hier die ersten Schritte zu machen. Vorweg: Kein PILZBUCH der Welt kann die Vielfalt und den Detailreichtum der Pilze in einem Gebiet umfassend abbilden. Für den Einstieg lohnt sich ein Buch, das eine begrenzte Artenauswahl und dafür einen guten Überblick bietet. Irgendwo muss man ja anfangen. Hast du Freude an dem Thema, kannst du dir langfristig eine Sammlung von Pilzbüchern mit unterschiedlichen Schwerpunkten zulegen. Jedes Buch hat eine eigene Ansprache und eine eigene Art der Wissensvermittlung. Manche bevorzugen Illustrationen, andere Fotos. Du findest mit Sicherheit etwas, das zu dir passt. Pilzbücher teilen Pilze in der Regel grob nach sichtbaren Merkmalen in Gruppen ein. Auf dieser Ebene folgen sie nicht zwingend der biologischen Systematik, sondern sind praktisch motiviert. Innerhalb der Gruppen werden dann meist einzelne Gattungen zusammengefasst und prominente Arten vorgestellt. Ein gutes Pilzbuch sollte AKTUELL sein und Folgendes beinhalten:

übersichtliche & verständliche Struktur

Informationen zu FUNDORT & LEBENSWEISE

NICE TO HAVE: Informationen über Baumpartner, Verwechslungspartner, Wissenswertes

ABBILDUNGEN, die die einzelnen Merkmale eindeutig zeigen

Deutscher & wissenschaftlicher NAME jeder Art

BESCHREIBUNG des Aussehens mit allen charakteristischen Merkmalen

weitere Merkmale: Geruch, Sporenpulverfarbe, Geschmack

Kennzeichnung Speise- & Giftpilze

ca. 270 Arten für Einsteiger, tolle Einführung, mit Fotos

> 1000 Arten, handlich & übersichtlich, illustriert

> 1500 Arten, die handliche Bibel für alle, die MEHR PILZE wollen, illustriert

Such dir ein Buch, das möglichst viele dieser Punkte abdeckt und mit dem du persönlich gut zurechtkommst.

2. Eine sinnvolle Ergänzung zum Bestimmungsteil im Buch sind BESTIMMUNGSSCHLÜSSEL. Anhand einer Reihe von Alternativfragen zu prägnanten Merkmalen leiten sie dich zu der Gruppe oder Gattung, der dein Beobachtungsobjekt sehr wahrscheinlich angehört. Verschiedene Schlüssel gehen unterschiedlich in die Tiefe: Anfängerschlüssel beschränken sich z. B. nur auf Merkmale, die man mit bloßem Auge sehen kann und enthalten wenige Arten. Dr. Rita Lüder hat einen besonders schönen Einsteiger-Schlüssel erstellt, der dich spielerisch an die Vielfalt der Pilze heranführt. Wer sich richtig reinnerden möchte, findet darüber hinaus vielleicht auch Zeitschriften (Der Tintling oder die Zeitschrift für Mykologie der DGfM) und Monografien spannend.

Rita

www.kreativpinsel.de
Bücher, Poster, Bestimmungsschlüssel

www.123pilze.de
Webseite mit umfangereicher Datenbank & Forumsbereich

DGfM*
Info- & Lehrmaterial, Kontakt zu Sachverständigen uvm.

3. Du willst nicht immer ein Buch mit dir herumschleppen und fragst dich, ob es da nicht eine gute APP gibt? In aller Kürze: Nein. Mobile Apps zur fotografischen Bestimmung liefern derzeit noch KEINE verlässlichen Ergebnisse. Für eine sichere Bestimmung müssen ALLE sichtbaren und nicht sichtbaren Merkmale mit einbezogen werden. Am besten nutzt du digitale Tools ERGÄNZEND zu deinem Bestimmungsbuch. Auch hier gilt: Nur wenn du selbst aktiv bestimmst, wirst du deine Artenkenntnis nach und nach vertiefen können.

unterwegs mit dem Pilzsachverständigen Wolfgang Bivour & Host Sebastian Sturzbecher

www.mycokey.com
für Fortgeschrittene: digitale Datenbank, Bestimmungstool & Downloads

naturgucker.de

iNaturalist

4. Am besten lernt es sich allerdings immer noch gemeinsam und von anderen, oder? Das geht wunderbar auf EXKURSIONEN. Erfahrene Pilzkenner*innen teilen dort ihr Wissen mit dir. Es macht einen Riesenunterschied, ob du Pilze unter Anleitung genau betrachten, drehen, beschnuppern … kannst, oder sie nur aus Büchern kennst. Auf Exkursionen lernst du unheimlich viel dazu. Mit PODCASTS oder bei MITMACHPROJEKTEN kannst du dein Wissen vertiefen und dich mit anderen Interessierten vernetzen. Social-Media-Kanäle und Podcast-Folgen werden häufig saisonal bespielt, sodass du quasi gemeinsam mit deiner Lieblings-Pilzsachverständigen (PSV) oder deinem Lieblings-Pilzcoach auf Pilzabenteuer gehen kannst, zum Beispiel auf INSTAGRAM.

@verena_waldwildnis
Pilzcoach & Biologin

@pilzmaedchen
Pilzcoach & PSV

@pilzcoachbadenweiler
Pilzcoach & PSV

* Deutsche Gesellschaft für Mykologie e.V.

Untersuchen & Sammeln

Pilze sammeln ist sehr verlockend. Gleichzeitig sind Pilze Teil eines großen Ganzen und sollten mit entsprechendem Respekt behandelt werden – ebenso wie die Umgebung, in der sie wachsen. Ich überlege immer genau, ob ich einen Pilz unbedingt aus seinem Lebensraum entnehmen möchte oder direkt an Ort und Stelle untersuchen kann. Was du dafür brauchst, passt in eine Hosentasche:

Spiegel

um von oben unter den Hut zu linsen, ohne den Pilz dafür gleich rausreißen zu müssen

Pilzmesser

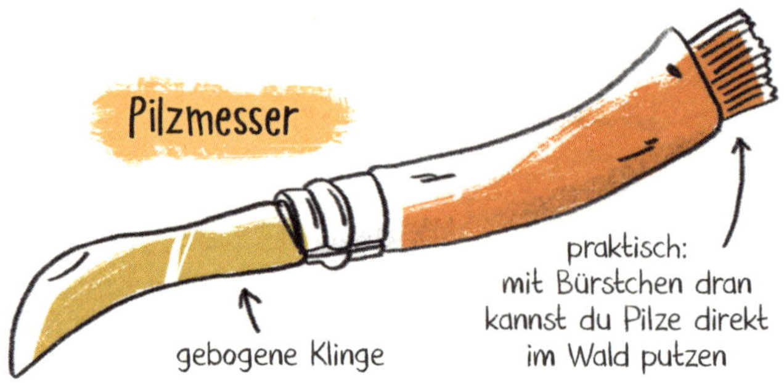

gebogene Klinge

praktisch: mit Bürstchen dran kannst du Pilze direkt im Wald putzen

Einschlaglupe

Vergrößerung

Durchmesser

Bonus: mit LED (im Wald ist es dunkler als du denkst ...)

UV-Taschenlampe

Nice to have: entlockt so manch fluoreszierendes Geheimnis

395 nm Wellenlänge reichen aus

Artenkenntnis und Genauigkeit sind besonders dann wichtig, wenn du Pilze zum VERZEHR sammelst. Gehe IMMER auf Nummer sicher und lasse dir den Fund von einer sachverständigen Person KONTROLLIEREN. Pilzsachverständige in deiner Nähe für Korbkontrollen findest du über die DGfM (Deutschland), die VAPKO* (Schweiz) oder die ÖMG (Österreich).

* VAPKO – Vereinigung amtlicher Pilzkontrollorgane der Schweiz
ÖMG – Österreichische Mykologische Gesellschaft

Pilzwissen To-Go: wie sammelst du Pilze richtig?

Pilz genau untersuchen, Speisepilze testen: weiche, matschige oder schimmelige Fruchtkörper stehen lassen

Pilz ganz aus dem Boden hebeln oder drehen, denn die Stielbasis ist für eine zweifelsfreie Bestimmung notwendig.

das entstandene Loch mit Erde und Moos verstopfen, um das Myzel vor Austrocknung zu schützen

Pilze sind spannend, vielseitig und häufig schwer auseinanderzuhalten. Wenn du tiefer in die Artbestimmung einsteigen möchtest, kommst du irgendwann bei einigen Gattungen um ein MIKROSKOP nicht mehr herum. Es liefert wichtige Informationen z. B. über die Form der SPOREN oder den genauen Aufbau des Pilzgewebes.

Das charakteristische Aussehen der Sporen offenbart sich dir unter dem Mikroskop ab einer Vergrößerung von 600.

Müll ist leider ebenfalls häufig zu finden, wird eingesammelt und kommt mit bis zum nächsten Mülleimer.

In der Natur versuche ich generell, so wenig Spuren wie möglich zu hinterlassen. Arten, die ich schon gut kenne, lasse ich im Wald und dokumentiere vor Ort. Zur Bestimmung entnommene Fruchtkörper bringe ich nach Möglichkeit zum Aussporen wieder zurück. Speisepilze sammle ich nachhaltig: nie alle an einem Fundort und immer in Maßen. So können sich die Pilze über die nächsten Jahre hinweg erhalten und ausbreiten.

Verstauen & Tragen

Die Erfahrung hat mich gelehrt: Habe ich nichts zum Tragen dabei, finde ich häufig die tollsten Speisepilze in erstaunlichen Mengen. An kühleren Tagen habe ich nicht nur einmal Pilze in meiner MÜTZE nach Hause transportiert. Aber das muss ja nicht sein. Viele Pilzfans nutzen ganz klassisch Körbe für den Transport ihrer Schätze. Und die gibt es wirklich in allen erdenklichen Ausführungen:

klassischer Weidenkorb

schön breit, damit die Pilze nebeneinander liegen können

offen & luftig

Rucksack-Korb

Vorteil: die Hände sind frei

Nachteil: er muss ständig abgenommen & wieder aufgesetzt werden

Fliegenfischer-Korb

stylisch & luftdurchlässig

mit Deckel, finden manche praktisch, weil er deine Funde vor neugierigen Blicken schützt

Für schnelle, ungeplante Waldspaziergänge habe ich mittlerweile immer was zum Verstauen in der Jackentasche dabei. So bleibt die Mütze auf dem Kopf und die Pilze kommen trotzdem heil zu Hause an. Alle Alternativen erfüllen im Notfall ihren Zweck und bieten sich auch für den Einstieg an.

Stofftasche

Erntebeutel

Giftzwerg

Notfall-Option, oben unbedingt offen lassen! Nicht für Speisepilze verwenden!

Butterbrottüten

ein Stoffbeutel, offene Boxen oder ein Giftzwerg* eignen sich prima, um unbekannte, potenziell giftige und essbare Arten sicher zu trennen und zu transportieren. Dein Magen wird es dir danken.

Absolutes NO-GO:

Pilze verderben ähnlich schnell wie Fisch oder Fleisch. In luftdichten Behältnissen wie TUPPERDOSEN oder PLASTIKTÜTEN wird diese Eiweiss-Zersetzung beschleunigt!

* Bezugsquellen findest du auf Seite 126.

Dokumentation & Austausch

1. Die Pilzfotografie ist ein wundervolles kreatives Hobby. Pilze halten still und sehen einfach VERDAMMT gut aus. Gleichzeitig erleichtern Fotos die Nachbestimmung & Dokumentation, wenn du nicht alles Gefundene mit nach Hause nehmen möchtest. Mit etwas Übung gelingen dir auch mit dem SMARTPHONE gute Schnappschüsse.

gut geeignet für Schnappschüsse im Alltag

ermöglicht schnellen Austausch mit anderen über Soziale Medien & Online-Datenbanken

2. Deine ästhetischen Ansprüche sind höher? Eine DIGITALE KAMERA mit Wechselobjektiv ist dann vielleicht eher etwas für dich. Du kannst sie bei Bedarf auch kostengünstig mit einem RETROADAPTER für die Makrofotografie aufrüsten.

digitale Kamera

Nutze ein Gerät, das du bereits zu Hause hast oder ausleihen kannst. Findest du Gefallen an dem Hobby, kannst du hier investieren.

Stativ

erleichtert dir die Arbeit mit Smartphone UND Kamera, ist unverzichtbar im Makrobereich, geeignete Modelle lassen sich auch bodennah aufbauen und flexibel mit Zusatzgewichten beschweren

Zwischenringe

erlauben dir, näher an dein Objekt heranzugehen, der Abbildungsmaßstab wird dadurch größer.

Retroadapter

Damit lassen sich Objektive umgekehrt auf die Kamera stecken & oft sehr starke Vergrößerungseffekte erzielen.

Objektive mit 100mm Festbrennweite sind für den Einstieg gut geeignet.

Ein integrierter Bildstabilisator macht das Fotografieren einfacher, ist aber auch teurer.

bildet in der Regel im Maßstab 1:1 ab

Makroobjektiv

ist im Vergleich zu den günstigen Lösungen sehr komfortabel in der Bedienung & liefert tolle Bilder, Tipp: gebraucht suchen

weil es manchmal doch auf die Größe ankommt

3. Einmal Feuer gefangen, möchtest du ergiebige oder interessante Standorte vermutlich auch im nächsten Jahr wieder besuchen. Notizen sind wichtige Gedächtnisstützen für all die kleinen Dinge, die wir im Alltag schnell vergessen würden. Festhalten kannst du mit NOTIZBUCH und STIFT alles, was dir wichtig erscheint: gefundene und bestimmte Arten, Fundmenge, Fundort (Wald, Wiese, Wegesrand …), Koordinaten, Vegetation (Welche Zeigerpflanzen oder Mykorrhizapartner gibt es?), Bodenbeschaffenheit (sauer, kalkig, lehmig, sandig …), Wetterdaten (Ein Regentagebuch mit Niederschlagsmenge und Temperaturverlauf kann auch interessant sein.) und, und, und …

Augen auf & hingeschaut

Was ist das eigentlich genau, ein Pilz?

Ja und Nein. Was wir hier zu sehen bekommen, sind sozusagen die „Früchte". DAS ist der eigentliche Pilz.

Dank der modernen Genetik wissen wir, dass sich diese Organismen so ähnlich sind, dass wir sie zu einer Gruppe – den FUNGI – zusammenfassen können. Gleichzeitig sind sie uns Tieren und den Pflanzen so unähnlich, dass sie sich eindeutig abgrenzen lassen.

1. Viele Pilze sind im Grunde FADENWESEN. Ihr Gewebe besteht buchstäblich aus einzelnen Fäden (HYPHEN), die das Myzel bilden: ein Wurzelwerk, das die Nahrungsgrundlage (Substrat) der Pilze nach und nach durchdringt. Die Fruchtkörper bestehen in der Regel aus verdichtetem Myzel. Hauptbestandteil der Zellwände der Hyphen ist meistens CHITIN, ähnlich wie bei Insektenpanzern.

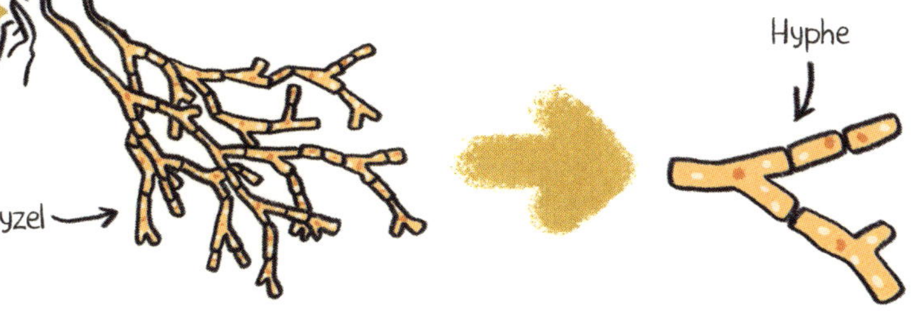

Pflanzen machen auf Selbstversorger und wandeln durch PHOTOSYNTHESE Lichtenergie in chemische Energie um.

2. Pilze sind HETEROTROPH. Sie ernähren sich von organischem Material. Diese Eigenschaft teilen sie mit uns Tieren. Auch wir müssen essen, um unseren Körper mit Energie zu versorgen. Pilze verdauen die Nahrung außerhalb ihres Gewebes (exogen).

3. Pilze bilden ein eigenes REICH.

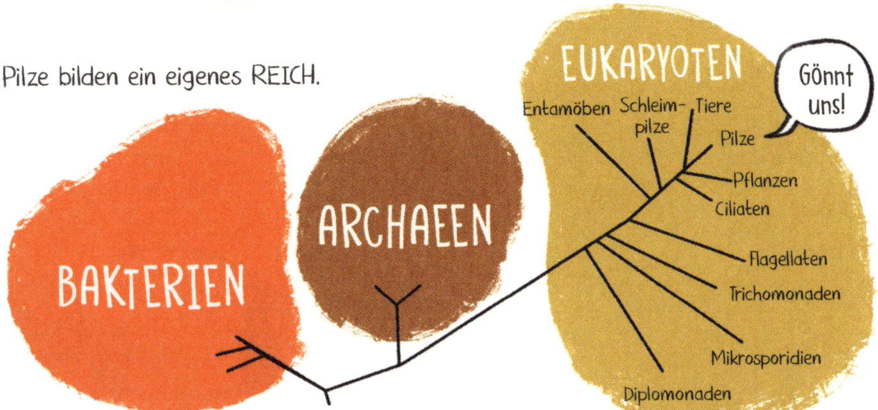

Schon gewusst? Pilze als eigenständige Gruppe gibt es tatsächlich erst seit knapp 60 Jahren. Davor hat man sie zu den Pflanzen gezählt. Molekularbiologische Methoden gab es noch nicht und so waren anfangs äußerliche Merkmale die einzigen Kriterien, die für eine systematische Anordnung der Organismen zurate gezogen werden konnten. Aber Wissenschaft rockt, Baby! Das Methodenspektrum der Forschenden erweitert sich stetig und das wirkt sich bis heute auf die systematische Ordnung der Lebewesen aus. Gelegentlich sorgen Einzelmeinungen für Verwirrung, die Pilze lieber anderweitig zuordnen würden. Aber die molekularen Daten sprechen hier eine klare Sprache: Pilze sind ein EIGENES REICH innerhalb der Domäne der eukaryotischen* Lebewesen.

* Organismen oder Zellen, die u. a. einen echten Zellkern besitzen.

Ernährungstypen
Du bist, was du isst.

Pilze haben im Laufe der Evolution verschiedene Wege beschritten, organisches Material zu verwerten. Je nach Ernährungstyp findest du Pilze auf völlig unterschiedlichen Substraten. Kennst du die kulinarischen Vorlieben einer bestimmten Art, kannst du sie zum einen besser aufspüren und zum anderen leichter von anderen unterscheiden. Anhand ihrer Ernährungsvorlieben können wir Pilze tatsächlich gut in drei Gruppen vorsortieren:

Symbionten

PARTNER gehen eine Lebensgemeinschaft mit Pflanzen ein. Pilzmyzel und Pflanzenwurzel verwachsen teilweise und bilden die sogenannte Mykorrhiza. Dadurch vergrößert sich unter anderem die Wurzeloberfläche der Pflanzen, gleichzeitig können die Pilze von der Pflanze hergestellte Zucker schnabulieren. Win-Win. Einige Pilze verpartnern sich nur mit bestimmten Baumarten. Deswegen wirst du in reinen Buchenwäldern wahrscheinlich keine Kiefern-Steinpilze oder Edelreizker finden.

Täublinge

Reizker

Hallimasche

Schwefelporling

Parasiten

SCHMAROTZER greifen lebende, häufig geschwächte Organismen an und zersetzen deren Gewebe. Manche zehren ihre Wirte vollständig auf und töten sie dabei ab, andere besiedeln einzelne Teile wie Haut oder Blätter. Viele Pilze wirken nach dem Absterben des Wirts als Zersetzer weiter.

Saprobionten

ZERSETZER bauen totes organisches Material ab und wandeln es wieder in Humus um. Ganz egal ob Dung, Kadaver, Zapfen oder Laub - erst durch die fleißigen Recycling-Spezialisten kann Unrat beseitigt und organisches Material wiederverfügbar gemacht werden. Danke dafür.

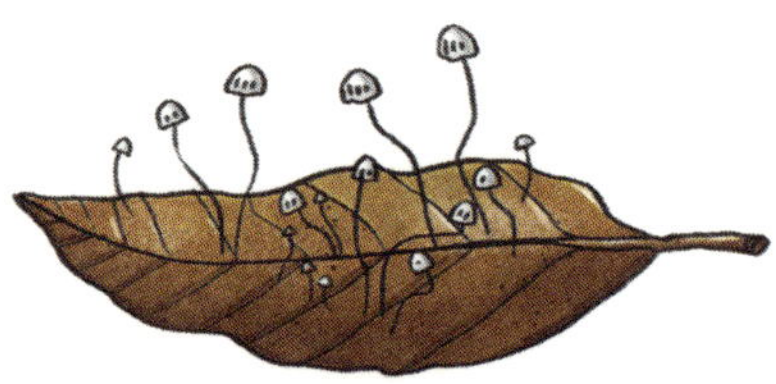

Buchenblatt-Helmling

Grauer Mist-Tintling

Sonderfall Xylobionten

HOLZ ist ein langlebiges, komplexes Material und gar nicht mal so einfach abzubauen. Aber auch hier finden sich zersetzerisch aktive Pilze (XYLOBIONTEN), die im Team mit Bakterien und Insekten so lange am Substrat herumknuspern, bis auch der größte Mammutbaum wieder als Humus zur Verfügung steht. Sie sind eine Untergruppe innerhalb der Saprobionten, deren Wirken in der Natur gut sichtbar ist, GERADE WEIL Holz so unglaublich langlebig ist. Es gibt zwei Gruppen, die wir unterscheiden können:

Braunfäule-Erreger

verputzen hauptsächlich ZELLULOSE, Holz wird mit der Zeit rötlich-braun und würfelig

Weißfäule-Erreger

verputzen ZELLULOSE & LIGNIN Holz wird mit der Zeit hell, faserig, weich

Pilzwissen TO-GO: Auf den Spuren holzzersetzender Pilze

Xylobionte Pilze sind für ein paar faszinierende Naturphänomene verantwortlich. Geh beim nächsten Waldspaziergang einmal gezielt auf die Suche. Finden kannst du:

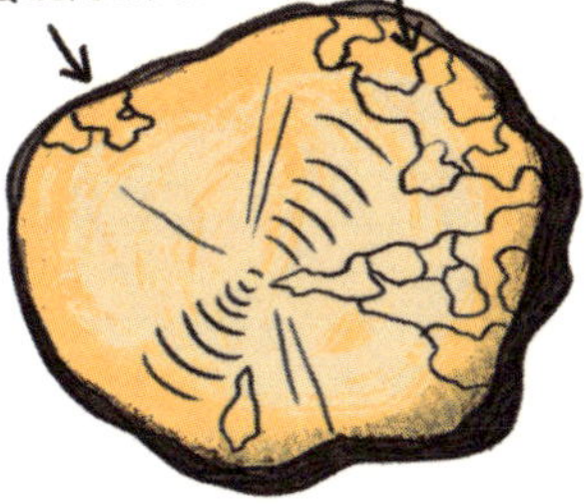

Die DEMARKATIONSLINIEN markieren das äußerste Wachstum eines einzelnen Pilzes – ein Jägerzaun im Miniaturformat.

Wenn Holzkeulen (Xylaria) Ahorn besiedeln, entsteht wunderbar gemustertes GIRAFFENHOLZ. Eignet sich ausgezeichnet zum Schnitzen.

Wattiges HAAREIS entsteht an toten Ästen, wenn infolge der Pilzaktivität Wasser aus dem Holz gepresst wird und gefriert.

Exkurs: Liebe, Sex und Pilze

Die meisten Pilze können sich auf geschlechtliche und ungeschlechtliche Art vermehren. Und ich sag mal so: Es ist WILD. Zwei Zellkerne, ein Kern, viele Kerne ... Hauptfruchtformen, Nebenfruchtformen, Generationswechsel und haste nicht gesehen. Alle Spielarten der Vermehrung darzustellen, würde den Rahmen dieses Buches sprengen. Wir konzentrieren uns daher auf das für den Einstieg Wesentliche:

Wachstum

Das MYZEL ist ein vegetatives „Organ". Dieses ständig wachsende und sich ausbreitende Geflecht stellt das Fortbestehen des INDIVIDUUMS sicher. Ein Myzel kann auch in mehrere Tochtermyzelien zerfallen, wenn beispielsweise der älteste Teil abstirbt. Die Tochtermyzelien sind genetisch identisch mit dem Ausgangsmyzel. In der Erde breitet sich das Fadengeflecht meist kreisförmig aus. Entstehen Fruchtkörper an den Rändern, kann es zur Bildung magisch anmutender HEXENRINGE kommen.

Ungeschlechtliche [asexuelle] Vermehrung

Hier entstehen durch Sprossung oder Zergliederung von HYPHEN* asexuelle Verbreitungseinheiten, die sogenannten KONIDIEN oder Konidiosporen. Es kommt nicht zum Austausch von genetischem Material zwischen Individuen. Aus jeder Konidie kann ein neues, vollständiges Myzel hervorgehen. Obwohl die Mehrzahl aller Pilze sich über Konidien vermehren kann, fehlt diese Eigenschaft bei vielen Großpilzen.

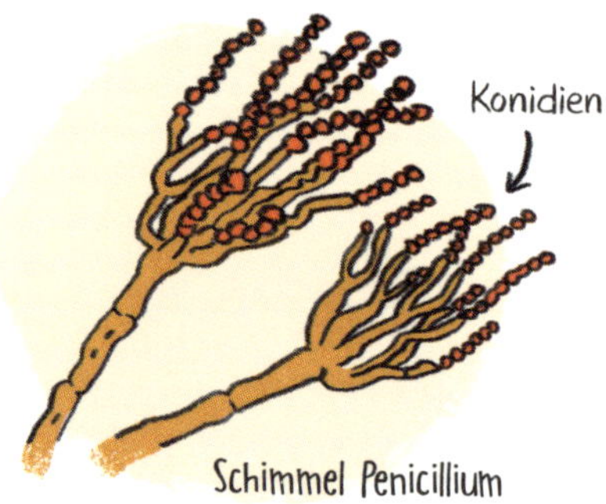

Geschlechtliche [sexuelle] Vermehrung

Sie dient dem ARTERHALT und setzt die Verschmelzung von zwei Zellkernen und die Trennung und Neuverteilung des Erbguts voraus. Das passiert ausschließlich in den sporenbildenden Zellen der Fruchtschicht. Viele Pilzarten bilden gegengeschlechtliche Sporen (Plus- und Minuszellen), die über unterschiedliche Mechanismen verbreitet werden. Es muss schon einiges zusammenkommen, damit zwei gegensätzliche Sporen der gleichen Art zu einem neuen Myzel heranwachsen können. Daher setzen Pilze hier auf Masse: Ein einzelner Wiesenchampignon beispielsweise kann pro Stunde bis zu 40 Millionen Sporen freisetzen!

* Hy... was?! Schau noch mal auf Seite 37 nach.

Anhand der FORM der sporenbildenden Strukturen der Fruchtschicht unterscheiden wir bei der geschlechtlichen Vermehrung morphologisch zwischen SCHLAUCHPILZEN (Ascomycota) und STÄNDERPILZEN (Basidiomycota). Viele Hefen und Schimmelpilze wie der Italienische Pinselschimmel (Penicillium italicum) gehören zu den Schlauchpilzen, während die meisten bekannten Großpilze ihre Sporen an Basidien ausbilden.

Ascomycota

Fruchtschicht eher glatt
(Becherlinge, Morcheln, Lorcheln, Holzkeulenartige ...)

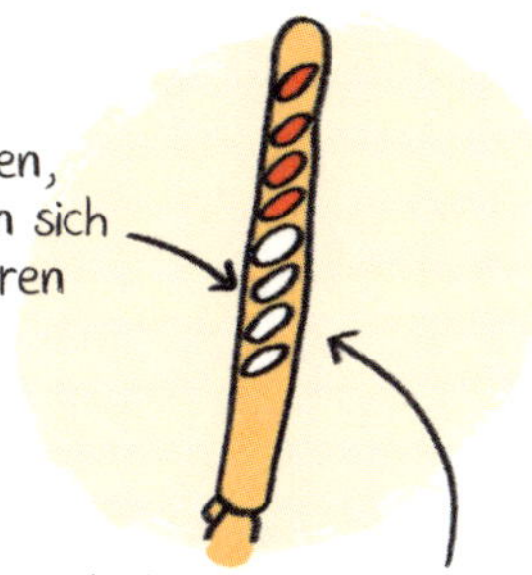

Basidiomycota

Fruchtschicht auf Lamellen, Röhren, Leisten, Stacheln ...
(Champignons, Pfifferlinge ...)

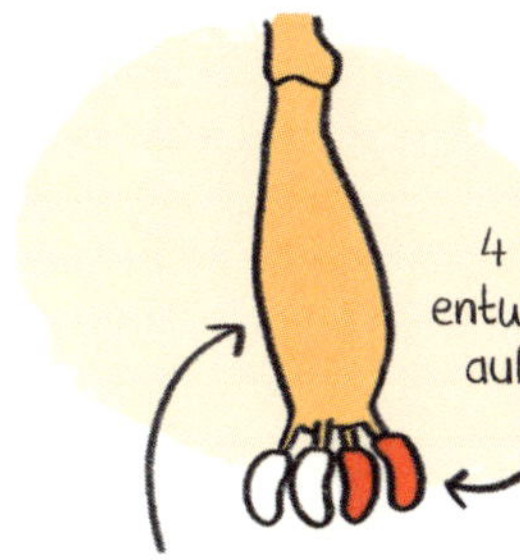

Der Kreislauf des Lebens – Wie entsteht ein neuer Pilz?

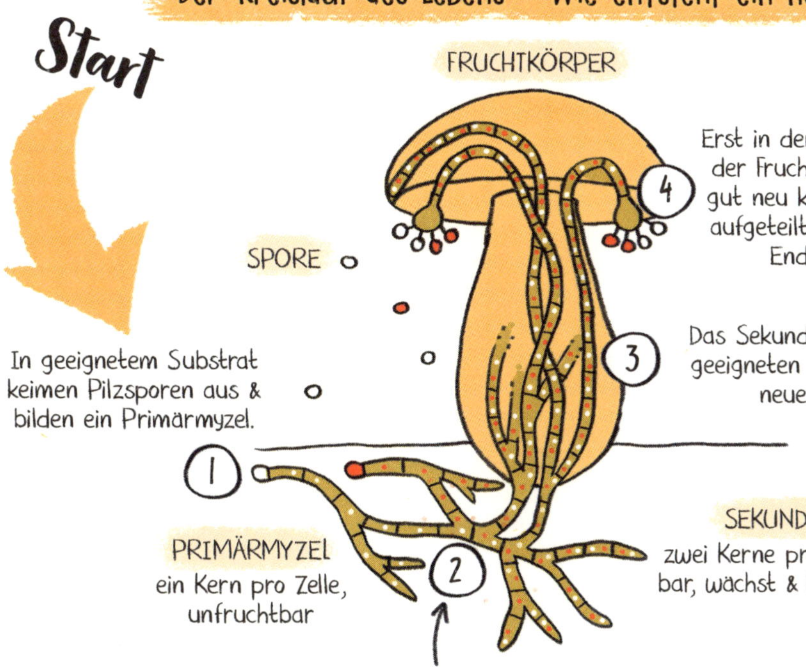

* Die Details der Zellbiologie habe ich hier ausgeklammert. Sagen wir mal so: Es ist hinreichend kompliziert ...

Fünf kuriose Pilzgeschichten

Hereinspaziert, hereinspaziert! Das Kuriositätenkabinett der Pilze hält manch staunenswerte Überraschung für dich bereit. Aber Obacht, einiges von dem, was ich hier zusammengetragen habe, ist nichts für schwache Nerven. Das hältst du schon aus, meinst du? Ganz wie du willst. Aber sag später nicht, ich hätte dich nicht gewarnt ...

1. Prototaxites – Giganten der Urzeit

Vor 400 Mio. Jahren galten Tausendfüßler, Würmer und Insekten als unbestrittene Herrscher ihrer urzeitlichen Welt. Pflanzen waren unscheinbar und wurden damals allerhöchstens einen Meter hoch. Gleichzeitig wuchsen bis zu acht Meter hohe, stammähnliche Strukturen mit einem Durchmesser von rund einem Meter in den Himmel. Rätselhafte Gebilde waren das. Untersuchungen lassen vermuten, dass es sich bei den gigantischen PROTOTAXITES um eine Art Urzeitpilz handeln könnte. Zweifellos belegbar ist diese Interpretation aber noch nicht, denn es haben sehr wenige Prototaxites in Form von Fossilien überdauert. Es bleibt also spannend im Reich der urzeitlichen Pilze.

2. Hautfresser & Zombieameise

Parasitische Pilze sind nicht nur für Pflanzen ein Problem. Einige KERNKEULEN-Arten (CORDYCEPS) befallen Ameisen und kapern deren Nervensystem. Wie ein Zombie unterliegt das Tier nun der Steuerung des Pilzes, während es gleichzeitig von Innen heraus verdaut wird. Die kreativen Köpfe hinter THE LAST OF US* haben sich von dieser kuriosen Geschichte inspirieren lassen. Aber auch andere Pilze können in Sachen Schadwirkung problemlos mit den Kernkeulen mithalten. Salamandern und Molchen bereitet der Hautpilz BATRACHOCHYTRIUM SALAMANDRIVORANS (Bsal) große Schwierigkeiten. Der „Salamanderfresser" verursacht eine Hautkrankheit mit tödlichem Ausgang. Dieser Pilz wurde ursprünglich aus Südostasien eingeschleppt und dezimiert seither Bestände in Europa und Nordamerika, da unsere heimischen Arten sich nicht im Laufe der Evolution an den Erreger anpassen konnten.

* Videospiel und Streaming-Serie

So sehen die fossilen Pilz-Bakterien-Gemeinschaften im Grundgestein unter dem Rasterelektronenmikroskop aus.

3. Pilze, Pilze in der Tiefe!

Pilze mögen es extrem, könnte man meinen. Selbst im tiefsten Grundgestein der Erde sind sie nachweisbar! Ganz auf sich alleine gestellt, kommen sie dort unten allerdings nicht zurecht. Erst wenn sie Mini-Wohngemeinschaften mit Bakterien und Archaeen* eingehen, können sie das Gestein der Erdkruste für eine Weile erfolgreich besiedeln.

4. Bis an die Ränder dieser Welt

Die antarktische Flechte USNEA LAMBII hat sich hervorragend an die lebensfeindlichen Bedingungen am Ende der Welt angepasst. Die Algen dieser Algen-Pilz-WG produzieren hohe Mengen an Ribitol und Sucrose. Das sind Zuckeralkohole, die wie ein Frostschutzmittel wirken: Sie verhindern die Bildung von Eiskristallen, stabilisieren Proteine, dienen als Energiereserve - kurz, sie sichern das Überleben der Flechte unter extrem trockenen Bedingungen in der Antarktis.

Usnea lambii

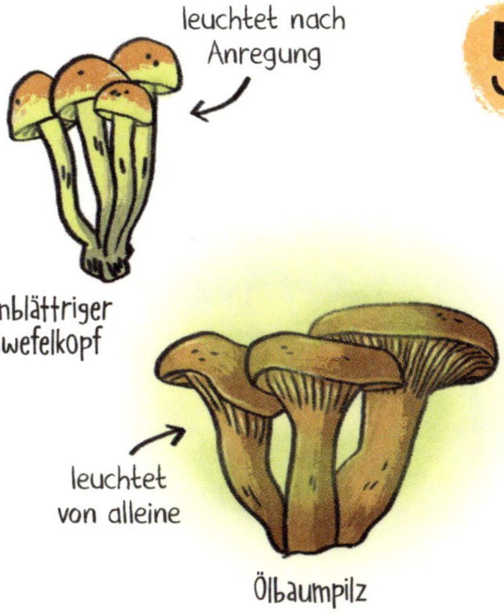

5. Wer leuchtet des Nachts?

Einige Pilzarten sind in der Lage, aus eigener Kraft zu leuchten (BIOLUMINESZENZ). Ähnlich wie beim Glühwürmchen geben sie in der Dunkelheit ein geisterhaftes, grünes Licht ab. Das Licht erzeugen die Pilze mithilfe von Enzymen. Bei uns in Europa gibt es nur wenige leuchtende Arten. Das abgegebene Licht ist zudem so schwach, dass es oft mit bloßem Auge schwer bis gar nicht wahrzunehmen ist. Wer in den Tropen und Subtropen lebt, hat deutlich bessere Chancen, einen der über 100 leuchtenden Pilzen weltweit zu beobachten. Was du aber auch bei uns sehen kannst ist FLUORESZENZ. Fluoreszierende Pilze geben Licht in einer anderen Wellenlänge ab, wenn sie angestrahlt werden. Sie leuchten also durch Anregung. Das klappt super mit handelsüblichen UV-Taschenlampen und sieht sehr beeindruckend aus!

* Einzellige Organismen OHNE Zellkern, darin ähneln sie den Bakterien. Zentrale molekulare Prozesse laufen in diesen „Urbakterien" aber eher so ab, wie in eukaryotischen Organismen. Sie besitzen zudem Eigenschaften, die sie von beiden Gruppen abgrenzen.

Pilze erkennen & unterscheiden
Was siehst du? – Der erste Eindruck

Pilze begegnen uns in einer herrlichen und, wenn wir ehrlich sind, anfangs absolut überfordernden Farben- und Formenvielfalt. Sie können SO aussehen:

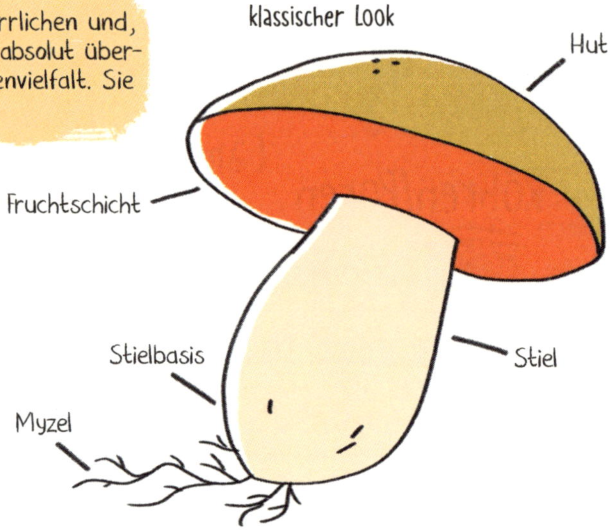

oder komplett ANDERS:

Schau beim nächsten Waldspaziergang genau hin. Wie viele VERSCHIEDENARTIG GEFORMTE Pilze findest du? Das ist der erste Schritt. Übrigens: Pilze, die zu einer Gruppe gehören, haben häufig ein charakteristisches Erscheinungsbild, einen HABITUS, der sie von anderen Gruppen unterscheidet. Auf den Seiten 66 und 67 findest du eine kleine Bestimmungshilfe. Ab Seite 68 stelle ich ausgewählte Gruppen und ihre Merkmale vor. Damit kannst du dich in der Welt der Pilze schon mal grob orientieren.

Was siehst du? – Die Fruchtschicht

Ein großer Teil der Pilze bevorzugt den klassisch-eleganten Look mit Hut und Stiel. Bei einigen Arten kann der Stiel auch fehlen. Besitzt der Pilz einen erkennbaren Hut, wirf gerne mal einen Blick auf die HUTUNTERSEITE. Dort sitzt in der Regel die Fruchtschicht (HYMENIUM). Die kann sehr unterschiedlich ausfallen:

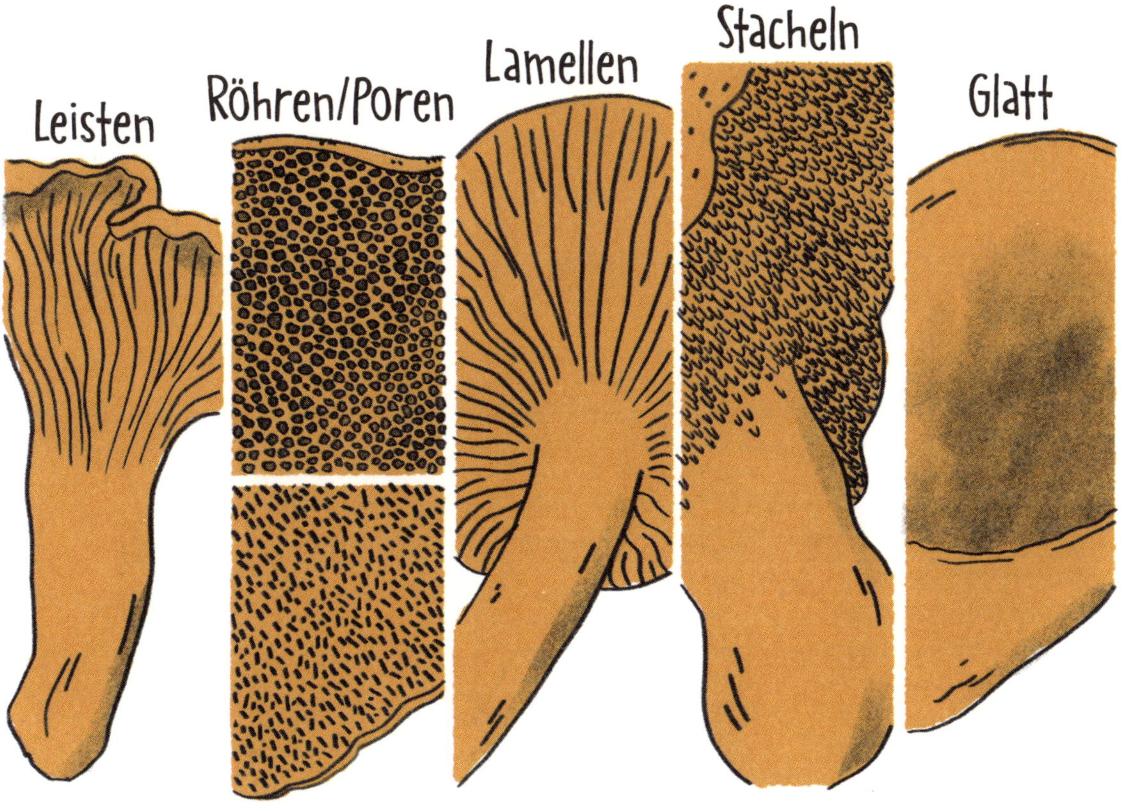

Leisten: ähneln Adern, oft am Stiel herablaufend

Röhren/Poren: Röhren lassen sich leicht abziehen, Poren nicht.

Lamellen: erinnern an Mandelblättchen oder Kiemen

Stacheln: können fest oder gallertig sein

Glatt: u. a. bei Morcheln, Lorcheln & Becherlingen

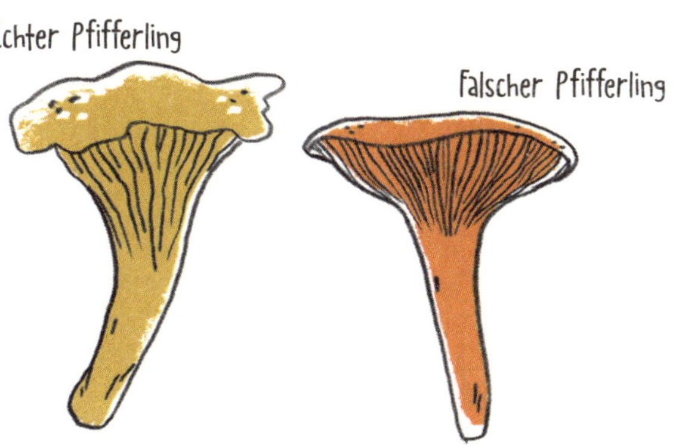

Echter Pfifferling: mit Leisten, essbar

Falscher Pfifferling: mit Lamellen, giftverdächtig

Anhand der Fruchtschicht teilen wir Pilze in Großgruppen wie beispielsweise Porlinge, Blätterpilze (mit Lamellen) oder Röhrlinge ein. Kennst du die Fruchtschicht, kannst du schon viele nicht infrage kommende Pilze aussortieren. Manchmal liefert sie dir auch DEN entscheidenden Hinweis, um einen Verwechslungspartner auszuschließen. Hast du einen kleinen Spiegel dabei (siehe Seite 30), kannst du die Fruchtschicht auch untersuchen, ohne den Pilz rauszureißen.

Was siehst du? – Schau genau

Um Pilze in ihrer Erscheinung MÖGLICHST GENAU beschreiben zu können, hat man sich mit der Zeit auf bestimmte Begriffe geeinigt. Auf dieser Seite habe ich ein paar gängige PILZVOKABELN zusammengefasst, die dir beim Hinschauen und Arbeiten mit Bestimmungsbüchern helfen werden. Verzweifle nicht: Hier brauchst du einfach Übung und Durchhaltevermögen. Spickeln ist ausdrücklich ERLAUBT. Und wenn du GENAUER HINSEHEN willst, bietet dir die vordere Innenklappe mehr Details.

Hutform

Hutoberfläche

Hutrand

Lamellenform

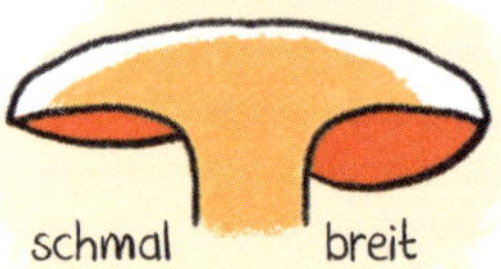

Lamellenschneide

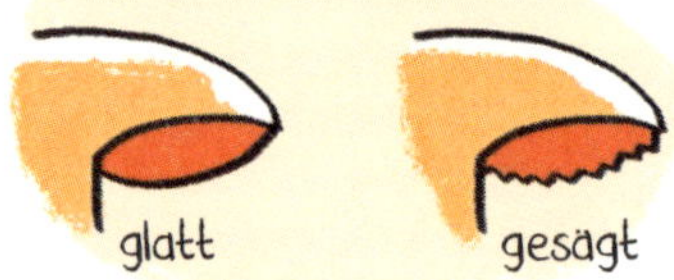

Lamellenhaltung

Stielform

Stieloberfläche

Ring/Manschette

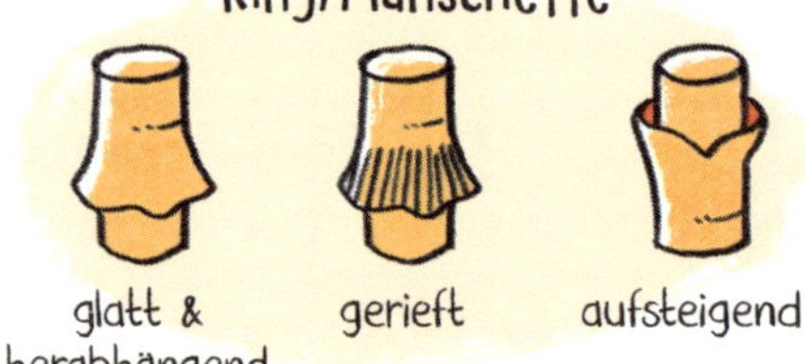

Knolle

* Das VELUM ist eine Schutzhülle, die ganz junge Pilze umgibt. Sie reißt auf, wenn der Pilz zu wachsen beginnt.

Was siehst du? – Das Sporenpulver

Not so Fun Fact: Pilze sind extrem individualistisch unterwegs. Je nach Witterung, Alter und Standortbedingungen können die Fruchtkörper einer Art SEHR unterschiedlich aussehen. Die Sporenpulverfarbe ist davon nicht betroffen und kann bei der Bestimmung von Lamellenpilzen wichtige Hinweise auf die Gruppe liefern. Auch so manch giftigen Verwechslungspartner kannst du anhand der Sporenpulverfarbe enttarnen. Wir unterscheiden grob:

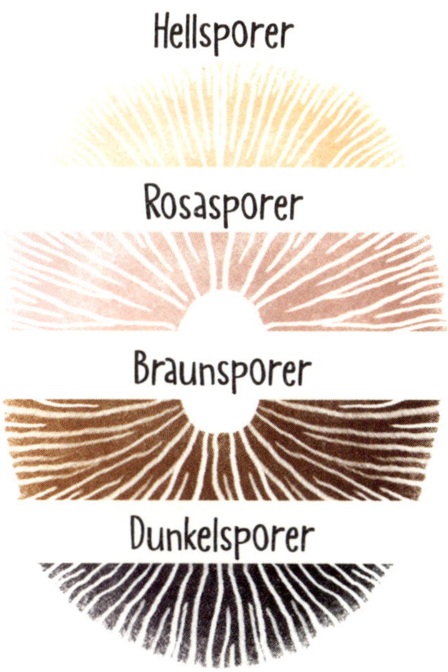

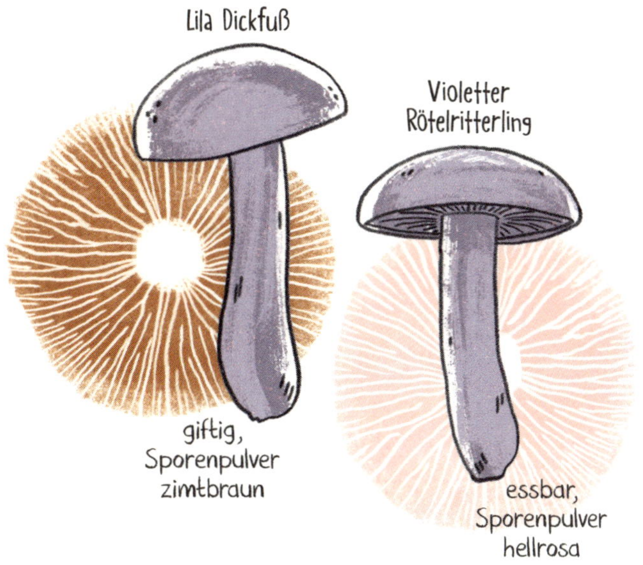

Pilzwissen To-Go: So erstellst du einen Sporenpulverabdruck.

Stehen die Pilze gut geschützt oder büschelig, kannst du das Sporenpulver manchmal direkt vor Ort ansehen. Falls nicht, kannst du dir zu Hause ganz einfach einen eigenen Sporenabdruck herstellen. Alles was du dafür brauchst, hast du schon da:

Stiel abschneiden & Pilz mit den Lamellen nach unten auf ein Blatt Papier legen

Wasserglas drüberstülpen und über Nacht ruhen lassen, gerne an einem etwas kühleren Ort

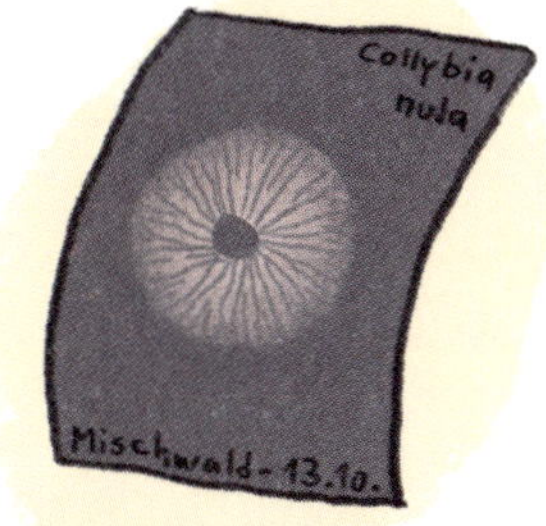

Abdruck beschriften & laminieren (optional), fertig! Tipp: Nutze dunkles Papier für helle Sporen und umgekehrt.

Pilze erkennen & unterscheiden
Was riechst du?

Auch der Geruch eines Pilzes - sofern er gerade wahrnehmbar ist - kann dir DEN entscheidenden Hinweis auf die richtige Art- oder Gruppenzugehörigkeit geben. Viele Pilze haben einen sehr charakteristischen und mal mehr, mal weniger angenehmen Geruch. Ich persönlich rieche besonders gerne an Marzipan-Schneckling und Anistrichterling. ABER ACHTUNG: Ob ein Pilz giftig ist oder nicht, kannst du NICHT erschnuppern!

riecht muffig, nach alten Kartoffeln

Gelber Knollenblätterpilz

riecht nach Pflaster oder Phenol

Karbol-Champignon

riecht nach Anis

Blaugrüner Anistrichterling

riecht nach Chlor

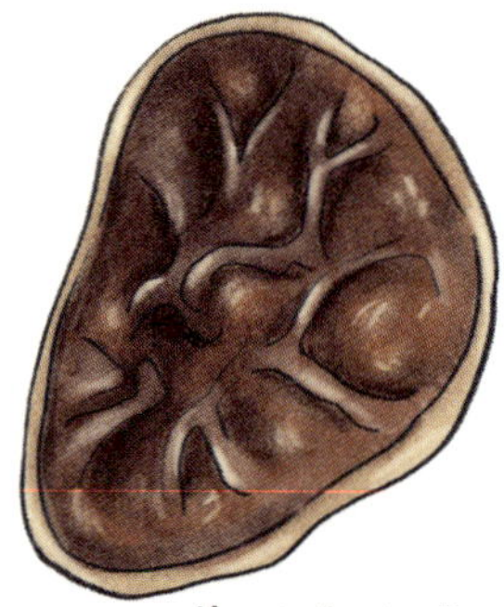

Morchelbecherling

Der Geruch ist zwar wichtig, aber ALLEINE ist er KEIN sicheres Bestimmungsmerkmal. Er kann unterschiedlich stark ausgeprägt und zum Beispiel nach Regenfällen auch komplett ausgewaschen sein. Hier eine kleine Zusammenstellung einiger gängiger Gerüche und Aromen, auf die du dich bei deinen kommenden Pilzabenteuern einstellen kannst:

Schnupper doch mal genauer hin beim nächsten Ausflug und versuche VIER UNTERSCHIEDLICHE GERÜCHE auszumachen.

Ein Merkmal ist kein Merkmal. Erst die Summe machts!

WICHTIG: Erst die SUMME aller beobachteten Merkmale ermöglicht dir eine sichere Bestimmung. Dazu gehört auch das Fleisch des Pilzes und das Innere des Stiels, der Fundort und die Jahreszeit, zu der du gerade unterwegs bist (mehr dazu im nächsten Kapitel). Und Hand aufs Herz: manchmal reicht noch nicht mal das. Pilzexpert*innen untersuchen zum Beispiel außerdem Reaktionen des Pilzes auf bestimmte CHEMIKALIEN oder schauen sich die Sporen unter dem MIKROSKOP an. Und unangenehm oft hilft auch nur eine GENETISCHE ANALYSE, wenn man es denn wirklich GANZ GENAU wissen möchte.

Die Frage ist, wie tief DU einsteigen willst. Zu entdecken gibt es in der Welt der Pilze auch mit dem bloßen Auge viel. Faszinierend ist vor allem das große Ganze: Wo tauchen bestimmte Pilze auf und wie wirken sie zusammen mit anderen Lebewesen? Was verraten sie dir über deine Mitwelt? Pilze laden dich ein, das Tempo rauszunehmen und die Natur mit ganz neuen Augen zu betrachten. Sie laden dich ein, die Welt da draußen wieder zu deinem Zuhause zu machen. Und wer weiß? Vielleicht tut dir ja genau das am Ende gut?

Pilze finden – aber wo?

Das Substrat macht den Unterschied!

Auf Seite 38 haben wir erfahren, dass Pilze sehr unterschiedliche SUBSTRATE bevorzugen, die sie dann mit ihrem Fadengeflecht durchdringen. So erhalten sie die nötigen Nährstoffe. Dazu noch ausreichend Feuchtigkeit und passende Temperaturen und schon steht dem Wachstum neuer Fruchtkörper theoretisch nichts mehr im Wege. Da sich viele unserer heimischen Großpilze direkt von Pflanzen ernähren (zum Beispiel als Parasiten oder Zersetzer von organischem Material wie Holz, Laubstreu, Nadeln oder Zapfen), kannst du hier gezielt nach bestimmten Arten suchen. Aber Vorsicht: Ausnahmen bestätigen die Regel. Ein GIFTHÄUBLING kann durchaus auch an Laubholz wachsen. Sich hier für eine Einordnung allein auf den Fundort zu verlassen, kann tödliche Folgen haben.

bevorzugen LAUBHÖLZER

Austernseitling

Samtfußrübling

bevorzugen NADELHÖLZER

Rötlicher Holzritterling

Gifthäubling

SPEZIALIST, bevorzugt ein bestimmtes Substrat

Fichtenzapfen-Helmling (auf ... Fichtenzapfen)

GENERALISTEN, nehmen es mit dem Substrat nicht so genau

Schmetterlingstrameten

In vielen Pilzbüchern findest du Angaben zu den STANDORTANSPRÜCHEN der einzelnen Pilzarten und damit auch, in welchem Gebiet du sie mit etwas Glück auffinden kannst. Wir unterscheiden im Großen verschiedene LEBENSRÄUME (Biotope), in denen wiederum ganz unterschiedliche Pflanzengesellschaften und Bedingungen vorherrschen können. Neben den üblichen Anlaufstellen wie Wald und Wiese lohnt es sich immer, auch innerhalb von Siedlungen ein paar naturbelassene Fleckchen wie Brachen, Böschungen, Friedhöfe aber auch Parks ausfindig zu machen und regelmäßig aufzusuchen. So kannst du dich mit der Pilzwelt in deiner Nachbarschaft vertraut zu machen.

Wälder — magere Wiesen — Auen — Parks, Gärten, Friedhöfe — Moore

Eine wichtige Rolle spielt hier der BODEN. Für viele Pilze macht es einen Unterschied, ob der Boden sauer oder basisch ist, ob sich Wasser staut oder schnell abfließt, wie viele Nährstoffe vorhanden sind etc., um nur einige Bodeneigenschaften zu nennen.

* z. B. www.geoportal.bgr.de/ Themen/Energie_und_Umwelt/2_Boden.html

Read the room
Was dir Zeigerpflanzen verraten

Es lohnt sich, auf der Suche nach spannenden Pilzen auch die Pflanzenwelt im Blick zu haben. Pflanzen kannst du an geeigneten Standorten meist über mehrere Wochen bis Monate oder sogar Jahre hinweg beobachten. Zeigerpflanzen sind Wildpflanzen, die uns etwas über die unsichtbaren Eigenschaften des Bodens verraten können, weil sie ganz besondere Ansprüche haben. Aber Achtung: Erst wenn Ansammlungen verschiedener Zeigerpflanzen an einem Standort auftreten, kann das als aussagekräftiger HINWEIS auf die Bodenbeschaffenheit gedeutet werden.

SAUER **pH-Wert** BASISCH

Heidelbeere

Sauerklee

Heidekraut

Nesselblättrige Glockenblume

Wald-Bingelkraut

Gelbes Windröschen

AUF BÖDEN MIT HOHEM KALKGEHALT WACHSEN

Hohe Schlüsselblume

Scharbockskraut [mag feuchte Standorte]

Kleiner Wiesenknopf

Bodenfeuchte

Wechselständiges Milzkraut

Mädesüß

Echtes Johanniskraut

Schlehdorn

Nährstoffgehalt

Taubnessel

Knoblauchsrauke

Kleiner Klappertopf

Mittleres Zittergras

Pflanzen- und Bodenwissen TO-GO

Bodenkarten dienen der großflächigen Orientierung. Zeigerpflanzen können ganz lokale Bodenverhältnisse offenbaren. Das ZUSAMMENSPIEL unterschiedlicher Faktoren (Säuregrad, Bodenzusammensetzung, Licht, Durchfeuchtung, Lage ...) entscheidet, ob eine Pflanze sich ansiedelt oder nicht. Zeigerpflanzen in der Umgebung geben keine Auffinde-Garantie für Pilze, dafür aber sachdienliche Hinweise. So kannst du gezielt in diesem Gebiet auf die Suche nach Pilzen mit ähnlichen Bodenvorlieben gehen.

Überdüngte und stark verdichtete Böden, die infolge intensiver Bewirtschaftung von Feldern und Wäldern entstehen können, machen es vielen Pflanzen und Pilzen schwer. Entsprechend artenarm sind die dazugehörigen Flächen in der Regel. Extensiv bewirtschaftete oder naturnahe Lebensräume sind dagegen besonders artenreich. ABER ACHTUNG: In Schutzgebieten, Nationalparks und Naturdenkmälern darfst du nur gucken, nicht sammeln!* Es können ortsabhängig neben dem Bundesnaturschutzgesetz weitere Vorschriften gelten.

* In Baden-Württhemberg, Brandenburg, Sachsen-Anhalt und Thüringen findest du geschützte Gebiete in der „Meine Umwelt" App.

Mykorrhiza
Wegweisende Partnerschaft

Ganz besonders innig ist die Beziehung zwischen Pflanze und Pilz bei Mykorrhiza-Partnern. Erinnerst du dich? Das ist die Symbiose, bei der ein Pilzmyzel das Wurzelwerk um- oder auch durchwächst – zum gegenseitigen Nutzen beider Organismen. Und da Bäume wirklich schwer zu übersehen sind, liegt es eigentlich nahe, sich einmal mit einigen gängigen Arten und ihren verpartnerten Pilzen zu beschäftigen. So kannst du beim nächsten Ausflug in die Welt der Pilze zumindest am richtigen Ort suchen und vielleicht auch fündig werden.

WALDKIEFER

WEISSTANNE

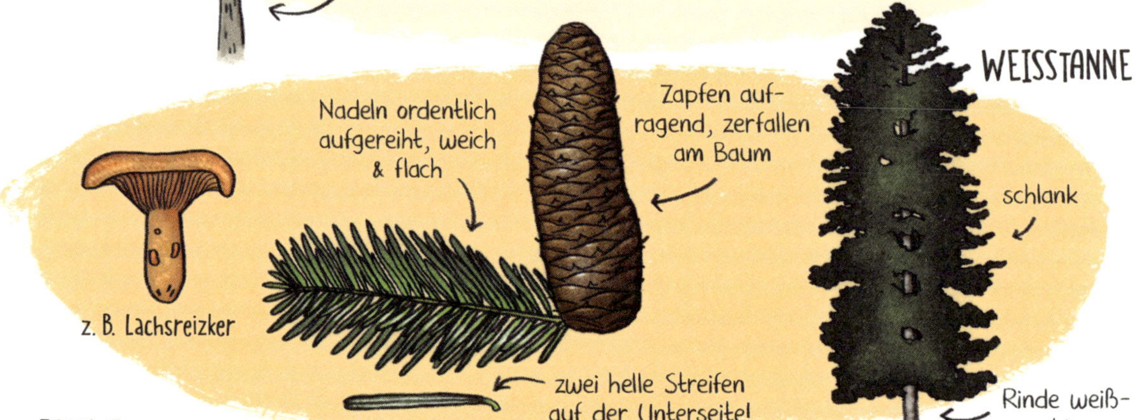

FICHTE

ROTBUCHE

HÄNGEBIRKE

STIELEICHE

Pilzwissen To-Go

Mykorrhiza ist auch mit Gräsern, Moosen und anderen Pflanzen möglich. Heidegewächse können dank der Mykorrhiza mit Pilzen extrem stickstoffarme und saure Böden in Heiden und Hochmooren besiedeln. Schätzungen zufolge pflegen mehr als 90 Prozent der Pflanzen weltweit eine Wurzel-Liaison mit Pilzen. Mykorrhiza verbessert die Struktur und Wasserhaltefähigkeit der Böden. Sie macht Pflanzen resistenter gegen Stress und schädliche Keime. Kein Wunder also, dass die „Pilze with benefits" auch in der Forst- und Landwirtschaft auf großes Interesse stoßen. Reduzierte Bodenbearbeitung, Bodenruhe, der Anbau von Zwischenfrüchten und moderate mineralische Düngung sind Methoden, mit denen man beispielsweise im Ackerbau versucht, die erfolgreiche und dichte Besiedelung der Böden mit Mykorrhiza-Pilzen zu unterstützen.

* potenziell tödlich giftig

Das Pilzjahr im Überblick
Wann fruchten welche Arten?

Unsere heimischen Pilze mögen es tendenziell feucht und kühl. Das gilt besonders für die vielen Arten, die leicht vergängliche Fruchtkörper bilden. Während du Zunderschwamm, Tramete oder Kohlenbeere fast das ganze Jahr über in mehr oder weniger ansehnlichem Zustand finden kannst, treten Nebelkappen oder Hexenröhrlinge nur in bevorzugten Zeitfenstern besonders häufig auf. Frost beendet die Pilzsaison (bis auf wenige Ausnahmen), Dürren und anhaltende Hitze erst recht. Ein Sammelkalender kann zumindest eine grobe Orientierung liefern, wann welche Arten zu erwarten sind.

Eine Auswahl:

Januar – März

Die kalten Monate sind die Zeit der Winterpilze. Austernseitlinge, Judasohren und Samtfußrüblinge besitzen ein eigenes „Frostschutzmittel", welches das Aufplatzen ihrer Zellen verhindert, wenn die Fruchtkörper gefrieren. Kälte und leichten Frost vertragen sie ausgezeichnet. Für das Wachstum brauchen sie allerdings ausreichend Feuchtigkeit. Ist es aufgrund anhaltender Fröste zu trocken, stellen sie ihr Wachstum vorübergehend ein.

Mai – Juni

Mai ist Morchelzeit. Morcheln, Morchelbecherlinge und Maipilze sind die ersten Speisepilze, die du mit etwas Glück in ergiebigen Mengen finden kannst. Je nach Witterung zeigen sie sich schon deutlich früher. Sind die Wetterbedingungen vielversprechend, scharre ich für gewöhnlich schon ab Anfang April mit den Hufen, denn in meiner Gegend wachsen wenig Winterpilze und der Pilzwinter herrscht dementsprechend viel zu lang. Im Mai/Juni zeigt sich häufig auch der Schwefelporling zum ersten Mal.

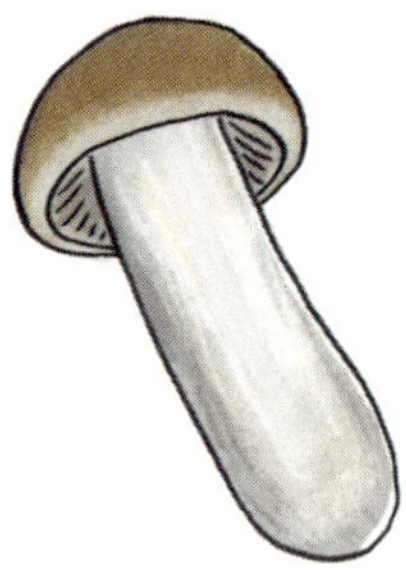

Juli – August

Pfifferlinge und Sommersteinpilze kannst du je nach Region und Witterung durchaus im Juli finden. Im August gesellen sich auch Birkenpilz, Riesenschirmling, Perlpilz, Frauentäubling, Steinpilz und Hexenröhrling gerne dazu. Ist der Sommer entsprechend kühl und regenreich, zeigen sich erste Herbstpilze wie Reizker und Lackpilze. An Maispflanzen kannst du jetzt den eigentümlich anmutenden Maisbeulenbrand finden.

September – Oktober

Die Pilzsaison erreicht ihren Höhepunkt. Zu keiner anderen Jahreszeit findest du so viele Arten und so viele Fruchtkörper. In diesen wenigen Wochen steht die Welt der Pilzverliebten buchstäblich Kopf. Reizker, Stäublinge, Täublinge, Pfifferlinge, Steinpilze und andere Röhrlinge, Stockschwämmchen, Champignons, Semmel-Stoppelpilze und Schopftintlinge sind beliebte Speisepilze, nach denen du jetzt Ausschau halten kannst. Dazu gesellen sich noch unzählige ungenießbare oder giftige, aber nicht weniger faszinierende Arten wie Holzritterlinge, Rettich-Helmlinge, Feuer-Schüppling oder der Blutblättriger Hautkopf.

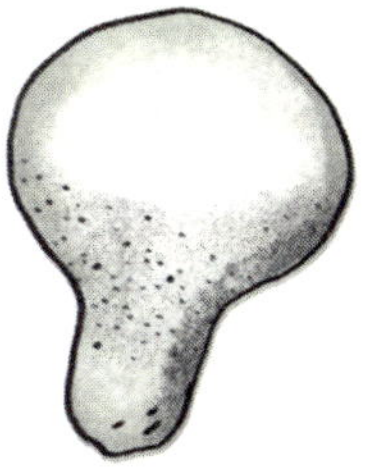

November

Herbstrompete, Mönchskopf und Nebelkappe sind die „Spätzünder" unter den Herbstpilzen. Ihr Erscheinen kündigt traditionell das Ende der Saison an und stimmt mich immer ein bisschen wehmütig. In milden Jahren können die Herbstpilze zwar auch bis weit in den November hinein fruchten, aber der erste Frost, der das endgültige Ende markiert, ist nun nicht mehr weit. Dann werden die meisten Arten nach und nach verschwinden und die Winterpilze wieder das Zepter in die Hand nehmen.

Dezember

Und das tun Austernseitlinge und Co. zuverlässig, bis im nächsten Frühjahr der Kreislauf von Neuem beginnt. Durch Klimawandel und extreme Wetterereignisse geraten viele synchronisierte Prozesse in der Natur zunehmend aus den Fugen. Auch die „Fruchtzeit" einzelner Pilzarten verschiebt sich bereits merklich. Willst du deine Chancen auf interessante Funde steigern, beobachte neben dem Sammelkalender auch die Umweltbedingungen (Niederschlag, Temperaturen, Umfeld) genau. Mit der Zeit bekommst du dann ein GESPÜR dafür, wann sich ein Gang in die Pilze lohnen könnte.

Soll ich Pilze essen, oder lass ich's lieber sein?

Vielleicht möchtest du einmal selbst gesammelte Pilze verputzen. Dabei solltest du ein paar Grundregeln beherzigen, denn bei aller Liebe zu unseren pilzigen Freunden können wir eine Tatsache nicht ignorieren: Unachtsamkeit kann zu ERHEBLICHEN und bisweilen sogar „endgültigen" gesundheitlichen Folgen führen.

1. Fast alle Pilze sind ROH GIFTIG, Achte darauf, gesammelte Pilze immer komplett durchzugaren.

Auf der Seite der DGfM findest du eine Liste mit Pilzsachverständigen.

2. Sicherheit geht vor: Verspeise nur Pilze, die du ZWEIFELSFREI bestimmen kannst. Wenn du unsicher bist, lass dir deine Funde bei einer Pilzberatung sortieren und freigeben.

3. Lätschige, olle, stinkende, schimmelige, vertrocknete und gefrorene* Pilze bleiben im Wald. So vermeidest du schwere Magen-Darm-Störungen.

4. DOKUMENTIEREN geht vor schnabulieren. Ich fotografiere alle Pilze, bevor ich sie zubereite. Das würde die Bestimmung im Falle einer Vergiftung sehr erleichtern.

* Ausnahme: Winterpilze, die vertragen das Einfrieren & wieder Auftauen

5. Viele Tiere verstoffwechseln Pilze anders als wir. Fraßspuren bedeuten nicht automatisch „essbar".

6. Pilze können SCHWERMETALLE wie Blei oder Quecksilber und wahrscheinlich auch andere GIFTSTOFFE einlagern. Sammle daher bitte keine Pilze am Straßenrand, in der Nähe von Industrieanlagen oder von giftigen Bäumen wie Robinie und Eibe.

7. Je nach Standort und Art können Fruchtkörper und Myzel RADIOAKTIVES CÄSIUM einlagern. Diese Pilze zu essen, gilt mittlerweile allerdings als unbedenklich, SOFERN du die Verzehrempfehlung (siehe unten) beherzigst.

8. KLASSE STATT MASSE: Die WHO empfiehlt pro Person und Woche höchstens 250g Wildpilze zu verputzen.

Eine Lebensmittelvergiftung, hervorgerufen durch den Verzehr verdorbener oder unzureichend gegarter Pilze, wird als UNECHTE PILZVERGIFTUNG bezeichnet. Sie ist besonders häufig. Das enthaltene Chitin macht Pilze zudem schwer verdaulich. Lohnt sich der Aufwand dann überhaupt? Kommt drauf an. Pilze sind reich an Mineralien und Vitaminen und sind nährwerttechnisch am ehesten mit Gemüse vergleichbar. Was sie aber von anderen Lebensmitteln abhebt ist ihr UNVERGLEICHLICHES AROMA - spätestens hier scheiden sich die Geister: Während die einen es kaum abwarten können, bis endlich wieder Herbsttrompeten oder Schopftintlinge in der Pfanne landen, verlassen die anderen fluchtartig die Küche, sobald Pilze zubereitet werden. Und beides ist okay. Deinen Speiseplan mit Pilzen zu bereichern, kann eine wunderbare Erfahrung sein, so lange sie mit Sorgfalt und Vorsicht einhergeht. Neben Vergiftungen kann es immer auch individuelle Unverträglichkeiten geben.

Eine Auswahl giftiger Pilze und was sie im Körper anstellen können

Und dann gibt es da ja noch die echten Giftpilze. Die solltest du kennenlernen – ganz besonders dann, wenn du deine gesammelten Pilze essen möchtest. Diese Arten haben es in sich und können sich verheerend auf deine Gesundheit auswirken. Je nach Giftstoff führen sie zu einer Summe charakteristischer Symptome, die als Syndrom zusammengefasst werden. Im Folgenden stelle ich dir acht Vergiftungs-Syndrome und einige (Nicht alle!) der verursachenden Pilzarten vor:

1. Gastrointestinales Syndrom

GIFTE: ein ganzes Arsenal an mehr oder weniger bekannten Magen-Darm-Giften
SYMPTOME: heftiger Brechdurchfall, kann in schweren Fällen nur noch im Krankenhaus behandelt werden
LATENZZEIT*: 15 Min. –4 Stunden

Karbolchampignon
Seite 91

Satansröhrling
Seite 71

Grünblättriger Schwefelkopf
Seite 98

2. Muscarin-Syndrom

GIFT: Muscarin (Nervengift)
SYMPTOME (Auswahl): Schweißausbrüche, erhöhter Speichelfluss, verlangsamter Herzschlag, Sehstörungen, akuter, heftiger Brechdurchfall
LATENZZEIT: 15 Min. –2 Stunden

Ziegelroter Risspilz
Seite 101

Rosa Rettichhelmling
Seite 85

3. Pantherina-Syndrom

GIFTE: Ibotensäure, Muscimol (Nervengifte)
SYMPTOME (Auswahl): Schwindel, Schläfrigkeit, Rausch, gestörte Bewegungskoordination, Halluzinationen, Krampfanfälle, Atem- und Kreislaufstillstand möglich
LATENZZEIT: 15 Min. –4 Stunden

Pantherpilz
Seite 93

Fliegenpilz
Seite 92

4. Paxillus-Syndrom

ALLERGISCHE REAKTION (Immunhämolyse)
SYMPTOME (Auswahl): Bauch- und Rückenschmerzen, Übelkeit, Erbrechen, Blutzersetzung, Nierenversagen
LATENZZEIT: 15 Min. –2 Stunden
Durch (wiederholten) Genuss reichern sich im Körper Antigene an, auch wenn die Pilzmahlzeiten Jahre auseinander liegen.

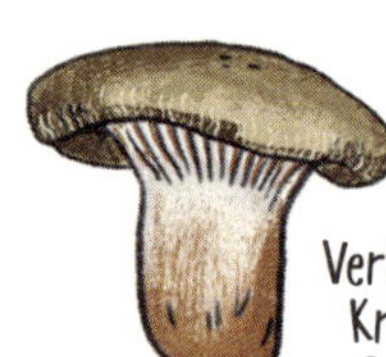

Verkahlender Krempling
Seite 100

* Zeitraum zwischen Verzehr & Auftreten wahrnehmbarer Symptome

5. Phalloides-Syndrom / Amatoxin-Syndrom

GIFT: hauptsächlich Amatoxine, je nach Art weitere Toxine (z. B. Phallotoxine, Virotoxine)
SYMPTOME (Auswahl): heftiger Brechdurchfall mit scheinbarer Besserung, parallel Leberzerfall, Störung der Blutgerinnung, Nierenversagen
LATENZZEIT: meist 8 - 12 Stunden (Schwankungen werden mit 4 - 36 Stunden angegeben)

Grüner Knollenblätterpilz
Seite 93

Gifthäubling
Umschlag hinten

6. Orellanus-Syndrom

GIFTE: Orellanin, Orellin (Nierengifte)
SYMPTOME (Auswahl): Durst, Kopfschmerzen, Nierenschmerzen, akutes Nierenversagen
LATENZZEIT: 2 - 21 Tage

Spitzgebuckelter Raukopf
Seite 103

Orangefuchsiger Raukopf
Seite 103

7. Gyromitrin-Syndrom

GIFTE: Gyromitrin, Monomethylhydrazin
SYMPTOME (Auswahl): heftiger Brechdurchfall, Kopfschmerzen, Krämpfe, Leber- und Nierenschäden, Hämolyse, Koma
LATENZZEIT: meist 6 - 24 Stunden (Schwankungen werden mit 2 - 25 Stunden angegeben)

Frühjahrslorchel
Seite 109

Riesenlorchel

8. Coprinus-Syndrom

GIFTE: Coprin, andere unbekannte Gifte
SYMPTOME (Auswahl): in Verbindung mit Alkohol (zur Mahlzeit oder bis 3 Tage vorher oder danach genossen): plötzliche Hautrötungen, Schwindel, Herzrasen, Atemnot
LATENZZEIT: wenige Min. - 1 Stunde

Grauer Faltenttilntling
Seite 97

Specht-Tintling
Seite 97

Die Seitenzahlen am Fuß der kleinen Pilzzeichnungen führen dich direkt zum Portrait der jeweiligen Art. So kannst du sie etwas besser kennenlernen. Je nach Konzentration der Giftstoffe können die Symptome innerhalb einer Gruppe milder oder stärker ausfallen. Der Fliegepilz beispielsweise ist zwar giftig, gilt aber als weitaus weniger gefährlich als der Pantherpilz. Es gibt giftverdächtige, giftige und potenziell tödlich giftige Pilze. Eine vollständige und aktuelle Liste giftiger Arten findest du auf der Homepage der DGfM. Die Pilzgifte unserer heimischen Arten entfalten ihre zerstörerische Wirkung auf deinen Körper nach dem Verzehr. Anfassen ist in der Regel kein Problem. Einige der giftigen Arten sind sogar ganz hervorragende Färbepilze*. Die Natur kennt weder Gut noch Böse. Sie hat keinen moralischen Wert und muss auch nicht in menschgemachte Kategorien von Sinnhaftigkeit passen. Sie IST einfach. Giftige Pilze zeigen uns ganz unmittelbar, wie wichtig es ist, respektvoll, vorsichtig und verantwortungsbewusst mit den Ressourcen dieser Welt umzugehen.

* siehe dazu auch Seite 117

Mehr als nur lecker
was Pilze sonst noch so draufhaben

In der Forschung geben uns Pilze noch viele Rätsel auf, und wir lernen täglich dazu. So werden beispielsweise die Listen zu Speise- und Giftpilzen regelmäßig nach dem Stand der neuesten Erkenntnisse überarbeitet. Gleichzeitig pflegen Menschen schon seit Jahrtausenden eine innige Beziehung zu den rätselhaften Fadenwesen. Menschen heilen mit Pilzen, sie suchen spirituelle Führung durch Pilze oder berauschen sich an ihnen - in allen Kulturen und durch alle Epochen hinweg.

1. Pilzinhaltsstoffe in der Medizin

Penicillin, ein lebensrettendes Antibiotikum, kennst du bestimmt. Aber auch Medikamente wie Cyclosporin (Immunsupressivum, wird bei Transplantationen eingesetzt) und Lovastatin (senkt den Cholesterinspiegel) haben wir Pilzen zu verdanken. Pilze und ihre Biologie weiter zu erforschen kann uns helfen, das Potenzial von Heilpilzen zu erschließen und neue Wirkstoffe zu entdecken. Tolypocladium inflatum, der Pilz, dem wir die Cyclosporine verdanken, kann darüber hinaus noch mit einem faszinierenden Lebenszyklus aufwarten. Schnall dich an, es wird WILD:

Hauptfruchtform

lebt als Parasit in Insekten

Wird ein Wirt von GLEICHGESCHLECHTLICHEN Sporen* befallen, wachsen diese dort zu der asexuellen (vegetativen) Nebenfruchtform heran. Die produziert nun ihrerseits neue Sporen, z. B. durch Abschnürung (asexuell).

Gelangen GEGENGESCHLECHTLICHE Sporen in den Wirt, kann dort ein Fruchtkörper entstehen, der jetzt sexuell Sporen produziert. Aus jeder dieser Sporen geht wieder eine neue Nebenfruchtform hervor.

Nebenfruchtform

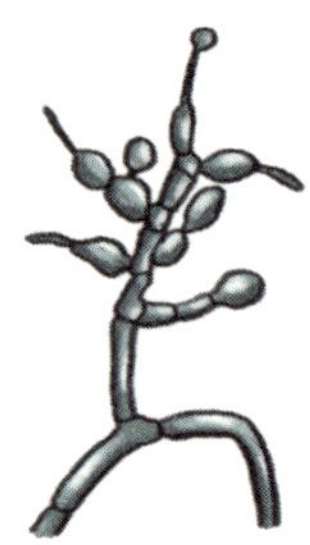

existiert als Schimmelpilz, auch im Erdreich

2. Heilende Pilze

Seit Tausenden von Jahren nutzen Menschen Fruchtkörper, Pulver oder Auszüge aus Großpilzen, um Wunden zu versorgen oder Krankheiten zu behandeln. Dieser Wissensschatz speist sich aus den überlieferten Erfahrungen und Fehlschlägen zahlreicher Generationen. Verschiedene Tier- und In-Vitro-Studien (im „Reagenzglas" bzw. außerhalb eines Organismus) liefern Hinweise darauf, dass an dieser potenziellen Wirksamkeit tatsächlich etwas dran sein könnte.

Schiefer Schillerporling / Chaga

* Wie war das doch gleich? Schau noch mal auf Seite 40 nach.

Reishi

Schauen wir genauer auf die Inhaltsstoffe von Pilzen, entdecken wir viele medizinisch interessante Verbindungen wie Triterpenoide oder Polyphenole. Diese Stoffe können antioxidativ und entzündungshemmend wirken. Manche sind antimikrobiell, andere könnten irgendwann für die Behandlung von Krebs eine Rolle spielen. Alles in allem finden sich in Pilzen viele spannende und vielversprechende Substanzen. Echte Wirksamkeitsnachweise – die langwierig, teuer und schwierig umzusetzen sind – gibt es aktuell allerdings noch nicht. Heilpilze werden ihr Dasein also erstmal weiterhin irgendwo zwischen Arzneimittel, Nahrungsergänzungsmittel und Lebensmittel fristen. Bei hoher Dosierung könnten die positiven Effekte zudem leicht in das Gegenteil umschlagen. Pilzpräparate auf eigene Faust und ohne ärztliche Begleitung einzunehmen, birgt also auch immer ein gesundheitliches Risiko.

Schmetterlingstramete

Gemeiner Spaltblättling

Austernseitling

Birkenporling

3. Psychoaktive Pilze

Wissenschaft, Sport, Spiritualität ... uns Menschen eint das Streben nach dem, was jenseits unserer Grenzen liegt. Der Konsum bewusstseinsverändernder Pilze verspricht genau das: einen unverschleierten Blick auf die eigene Seele, das Verschieben zwischen Innen und Außen bis hin zur Verschmelzung mit der Welt. Sie kamen schon vor vielen Tausend Jahren im Rahmen schamanischer oder religiöser Handlungen zum Einsatz und finden durch Trends wie Microdosing* ihren Weg in die Mitte der modernen Gesellschaft. Die Anwendung ist allerdings mit Risiken verbunden. So kann es unter dem Einfluss der Pilze zu Vergiftungen, Panikattacken, Psychosen oder Unfällen kommen.

Fliegenpilz

Lateinamerikanische Pilzsteine, etwa 3000 Jahre alt

Spitzkegeliger Kahlkopf

* der Einsatz von (pharmakologischen) Wirkstoffen in extrem kleinen Dosen

Exkurs: Biologie aber mit System!

Systematik ist ein Fachbereich der Biologie und dient neben der EINTEILUNG von Lebewesen auch zu ihrer eindeutigen BENENNUNG und zweifelsfreien IDENTIFIZIERUNG. Organismen werden beispielsweise anhand bestimmter Merkmale in Klassen, Ordnungen, Familien etc. gruppiert. Diese Gruppen werden mit zunehmender Ähnlichkeit immer weiter unterteilt, bis man schließlich bei der Grundeinheit der biologischen Systematik angekommen ist: der Spezies bzw. Art. Jede Art trägt einen wissenschaftlichen Doppelnamen, der nach international geltenden Regeln festgelegt wird. Das soll eine übersichtliche Anordnung und präzise Kommunikation ermöglichen. Bei einer großen und vielfältigen Gruppe wie den Pilzen gibt es zahlreiche Ebenen. Nicht selten ist deren Benennung und Zuordnung in manchen Bereichen unter Fachleuten umstritten oder noch nicht vollständig geklärt.

Da es außerdem regelmäßig vorkommt, dass die Systematik einzelner Gruppen aufgrund neuer Erkenntnisse aus der Molekularbiologie (genauer: der Genetik) angepasst werden muss, spiegelt sie immer eine AKTUELLE MOMENTAUFNAHME all dessen wider, was wir über stammesgeschichtliche Entwicklung (kurz gesagt: von der Urzeit bis heute) und Verwandtschaftsverhältnisse von Organismen wissen.

Aber keine Panik: Für das Suchen und Finden von Pilzen können wir vorerst guten Gewissens einen großen Teil der biologischen Systematik ausklammern und andere, praxisnähere Systeme zur Orientierung nutzen. Solltest du Gefallen an Fragen der Systematik finden, bietet dir die Mykologie ein schier endloses Betätigungsfeld, das stetig in Bewegung ist.

Und wie ist das jetzt bei den Pilzen?

Wir kennen ja gerade einmal einen winzigen Bruchteil aller existierenden Pilzarten und ständig kommen neue hinzu. Gleichzeitig ändert sich auch der allgemeine Kentnisstand der Wissenschaft rasant. Dadurch werden regelmäßig bestehende Gruppen aufgebrochen, Arten neu zusammengefasst und natürlich auch nach den Regeln der Systematik neu benannt. Was unter Mykolog*innen einen präzisen Austausch gewährleistet, verwirrt UNS gerade am Anfang maximal. Um das Ganze noch ein bisschen undurchsichtiger zu machen, folgen die meisten Pilzbücher gar nicht stringent der biologischen Systematik. Jedes Buch setzt unterschiedliche Akzente und steigt an unterschiedlichen Stellen in den Stammbaum der Pilze ein. Bei den richtigen Arten landen sie trotzdem. Warum macht man das?

Bei der Suche nach Pilzen durch den Wald zu stiefeln und erstmal seitenweise Stammbäume abzugleichen, klingt nicht sehr verlockend. Die historisch gewachsene Einordnung von Pilzen anhand äußerlicher Merkmale ist praktischer und hat sich durchgesetzt. Während viele systematische Stufen keine sofort ins Auge fallenden einheitlichen Merkmale aufweisen oder „zu allgemein" ansetzen, hat sich die Einteilung anhand der Fruchtschicht, der Sporenpulverfarbe, der Lamellenhaltung oder des Erscheinungsbilds als nützlich und zielführend erwiesen. Dabei entstehen dann zum Teil künstliche Gruppen, wie z. B. die Gruppe der Nichtblätterpilze, die zwar keine systematische Entsprechung haben, aber die die grobe Einordnung eines Pilzes erleichtern. Und so kommen immer mehr Merkmale dazu, die du abgleichen kannst, bis du letzten Endes bei wenigen infrage kommenden Gattungen oder Arten angekommen bist. Spätestens auf dieser Ebene spielt die Systematik dann auch wieder eine Rolle. Damit du dir bei der Bestimmung sicher sein kannst, müssen sämtliche beschriebene Merkmale mit deinem Pilzfund übereinstimmen.

Wie ist dieser Abschnitt aufgebaut?

Im folgenden Buchabschnitt stelle ich acht Pilzgruppen vor, die du anhand ihres Erscheinungsbildes (Habitus), ihrer Fruchschicht und ihres Stiels unterscheiden kannst. Das soll dir eine erste, grobe Orientierung ermöglichen. Je nach Merkmalskombination gelangst du von dort aus zu einer der 27 Untergruppen, samt kurzem Steckbrief (Was erkennst du auf einen Blick?) und spannenden Wissenshappen. Und natürlich habe ich zu jeder vorgestellten Untergruppe einen sehr kleinen, aber feinen Querschnitt an Arten zusammengestellt. Es wäre ziemlich vermessen, auf so wenigen Seiten eine auch nur ansatzweise repräsentative Artenauswahl treffen zu wollen. Das hier ist wirklich immer nur ein winzig kleiner und subjektiver Ausschnitt, ein Appetitanreger in Pilzform, meine persönlichen Must-Sees der Pilzwelt.

Was kannst DU damit anfangen?

WICHTIG: Dieses Buch ersetzt kein Bestimmungsbuch! Nutze es stattdessen als deine Eintrittskarte in die fabelhafte Welt der Fadenwesen. Hier kannst du Pilze ganz unverbindlich und in einem übersichtlichen Rahmen kennenlernen. Niemand beurteilt dich. Ich wünsche dir viel Spaß dabei!

Pilze unter sich
Die [er]kennst du bald!

Diese Pilzgruppen werden wir uns im Folgenden genauer anschauen. Dabei konzentrieren wir uns auf Merkmale, die du in freier Wildbahn leicht wiedererkennen und vergleichen kannst. Für die Einteilung in eine dieser Gruppen musst du dir drei Dinge anschauen: Das Erscheinungsbild (Habitus), die Fruchtschicht und den Stiel - sofern vorhanden. Über die kleinen Pilzbilder gelangst du zum entsprechenden Abschnitt der jeweiligen Untergruppe. Behalte dabei im Hinterkopf, dass es im Reich der Pilze immer Ausnahmen gibt, die dann doch anders aussehen können, als hier beschrieben und gezeigt. Pilze lernt man ein Leben lang kennen. Wir machen heute den ersten Schritt. Also, bist du bereit, herauszufinden, was einen Krempling von einem Ritterling unterscheidet?

Pilze mit Röhren oder Poren

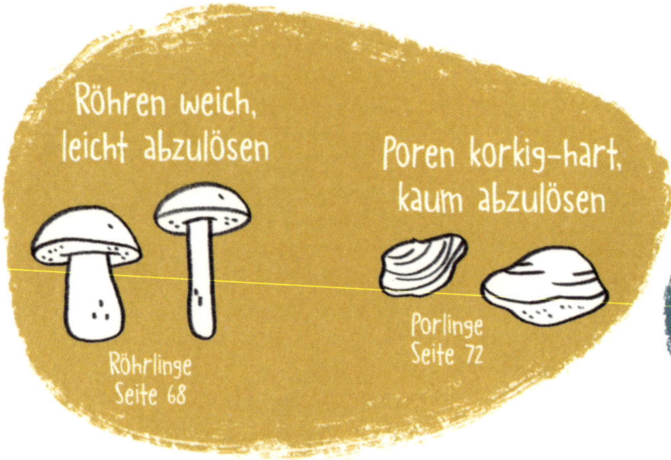

Pilze mit Leisten

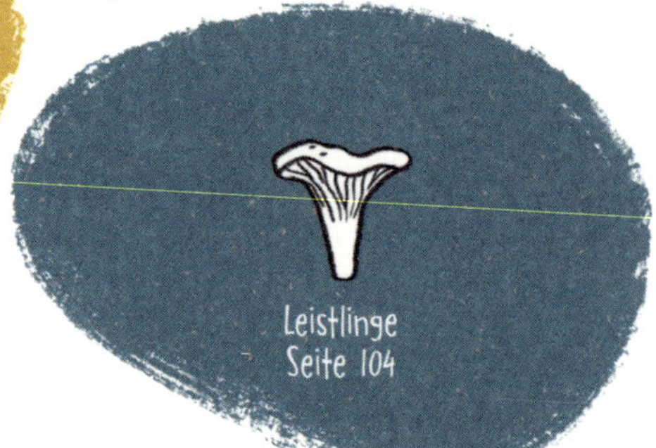

Pilze mit Lamellen

Einteilung basierend auf „Welcher Pilz ist das?" von Markus Flück

Lamellen mäßig elastisch, eher hell, Stiel ohne Ring

Ritterlinge & Holzritterlinge
Seite 82

Helmlinge
Seite 84

Seitlinge
Seite 86

Trichterlinge & Schwindlinge
Seite 88

Lamellen mäßig elastisch, meist dunkel, Ring fehlt oder nur angedeutet

Tintlinge
Seite 96

Kremplinge & Risspilze
Seite 100

Schwefelköpfe & Schüpplinge
Seite 98

Schleierlinge
Seite 102

Lamellen mäßig elastisch, hell oder dunkel, Stiel mit Ring

Champignons
Seite 90

Wulstlinge
Seite 92

Schirmlinge & Hallimasche
Seite 94

Fruchtschicht oder Habitus anders

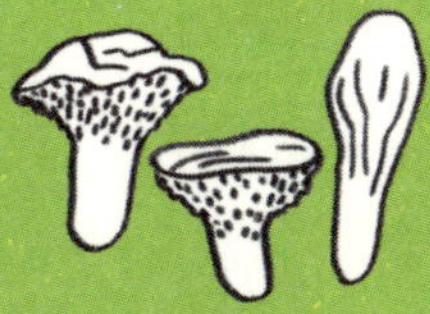

Stachelpilze & Keulenförmige
Seite 106

Becherlingsartige
Seite 108

Pilze wie aus einer anderen Welt
Seite 110

So erkennst du Röhrlinge [Boletales]

Röhrlinge sind überaus ansehnliche Pilze. Viele Arten sind festfleischig und können erstaunlich groß werden. Sie gelten als gute Einsteigerpilze, denn dank der Röhren auf der Hutunterseite lassen sie sich leicht gegen andere Gruppen abgrenzen. Bonus: Es gibt bei den Röhrlingen keine tödlich giftigen Arten, dafür aber etliche beliebte Speisepilze. Bei Gallenröhrling, Satanspilz und Co. ist trotzdem Vorsicht geboten. Sie können nach dem Verzehr schwere Magen-Darm-Störungen hervorrufen.

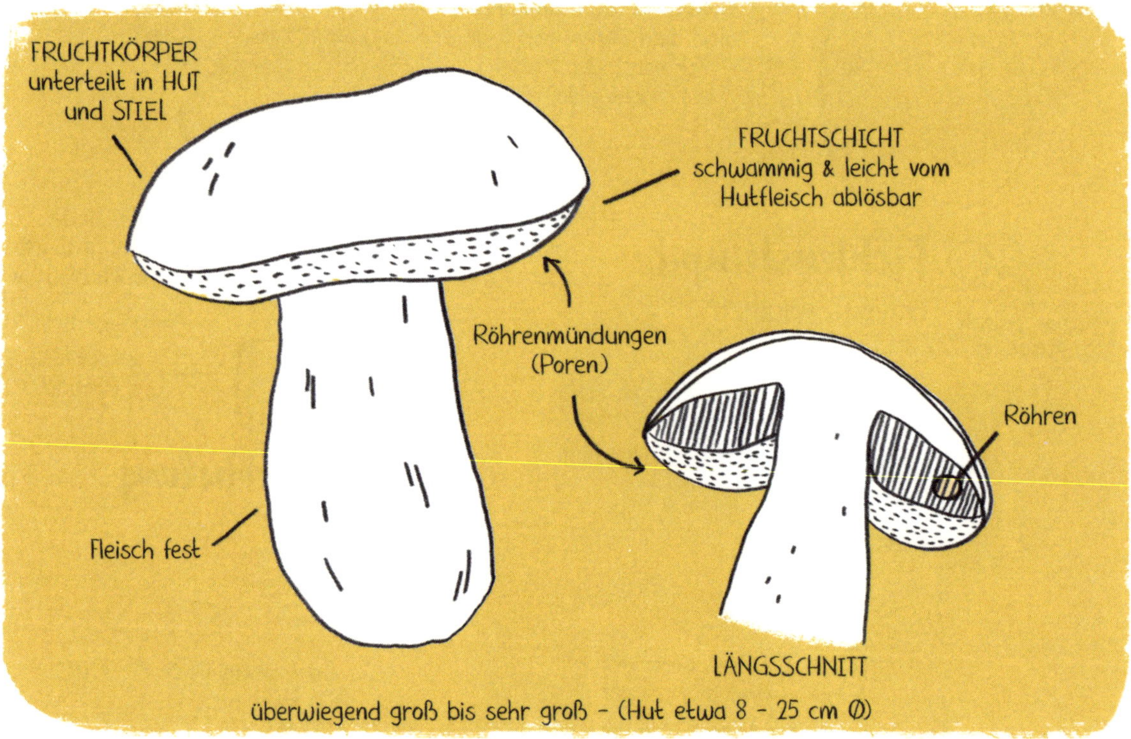

Pilze zu finden mag Glückssache sein, Pilze zu kennen und zu erkennen ist dagegen Übungssache. Aber keine Sorge, wir gehen es entspannt an. Ich möchte dir einfach ganz unverbindlich ein paar meiner Must-Sees vorstellen. Jede Gruppe wird dabei ergänzt durch Informationen über SPORENPULVERFARBE und LEBENSWEISE. Hast du eine der Arten in freier Wildbahn entdeckt, kannst du sie gleich ankreuzen. GIFTIGE Pilze erkennst du am Totenkopf-Symbol. ESSBARE PILZE, die unkompliziert in der Zubereitung sind und kulinarischen Mehrwert bieten (Ja, das ist immer subjektiv.), erkennst du an der KOCHMÜTZE. Bei Arten, die komplizierter in der Zubereitung sind, weil sie beispielsweise zusätzlich abgekocht werden müssen, oder die aus anderen Gründen uneinheitlich bewertet werden, steht die Kochmütze in eckigen Klammern. Bei theoretisch essbaren, aber streng geschützten Pilzen verzichte ich in der Regel auf die Kennzeichnung. Artenschutz steht hier vor Gaumenschmaus.*

* Ungenießbare, aber ungiftige Arten werden der Übersichtlichkeit halber nicht gesondert gekennzeichnet

Bei uns in Europa kommen etwa 100 Arten* vor.

der begehrte Klassiker unter den Speisepilzen (Hot Take: Ich finde, es gibt bessere ...)

Achte auf das helle Stielnetz!

FRUCHTSCHICHT
Sind die Röhren hell & fein, kann er in die Pfanne rein. Sind die Röhren gelb & oll, schmerzt der Magen richtig doll.

○ Fichtensteinpilz

Boletus edulis**

Schon gesehen? Kreuze an!

HUT kastanienbraun, je nach Witterung samtig oder leicht schmierig

FRUCHTSCHICHT
cremegelb, alt grüngelb, läuft bei Druck blau an

mag Fichte & Rotbuche

○ Maronenröhrling

Imleria badia

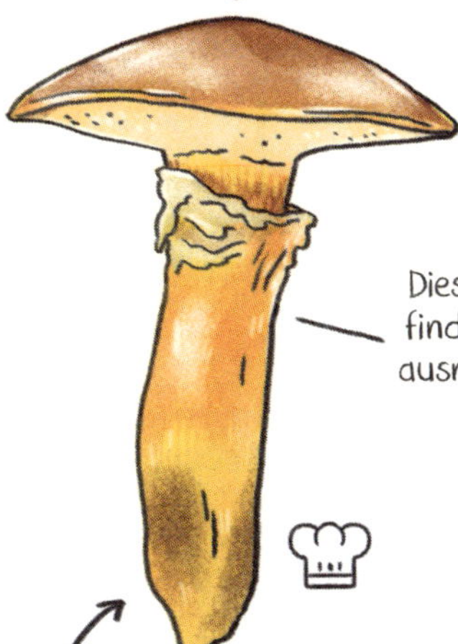

HUT wird bei Nässe sehr klebrig & glibschig, Merkmal der Schmierröhrlinge (Suillus)

Dieses Kerlchen findest du fast ausnahmslos bei Lärchen.

leuchtet derart goldgelb durch den Wald, dass es eine helle Freude ist

○ Goldröhrling

Suillus grevillei

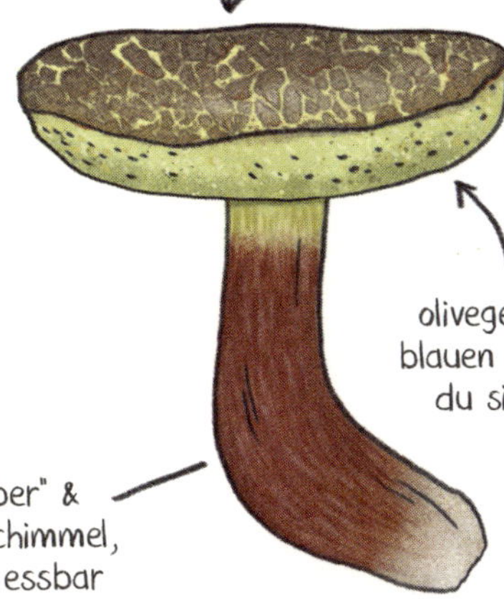

Der samtige HUT reißt bald feldrig auf.

Direkt unter der Huthaut ist das Fleisch rot.

olivegelbe Poren, blauen leicht, wenn du sie drückst

ist schnell „drüber" & anfällig für Goldschimmel, dann nicht mehr essbar

○ Rotfußröhrling

Xerocomellus chrysenteron

* Diese Zahlen dienen als grobe Richtwerte.
** auch bekannt als Gemeiner Steinpilz

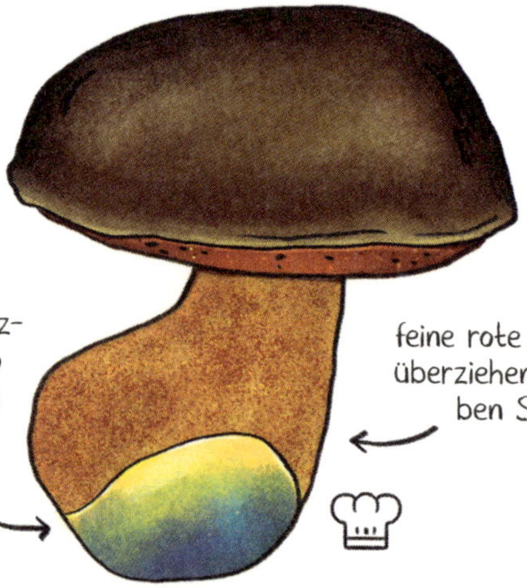

○ Flockenstieliger Hexenröhrling

Neoboletus erythropus

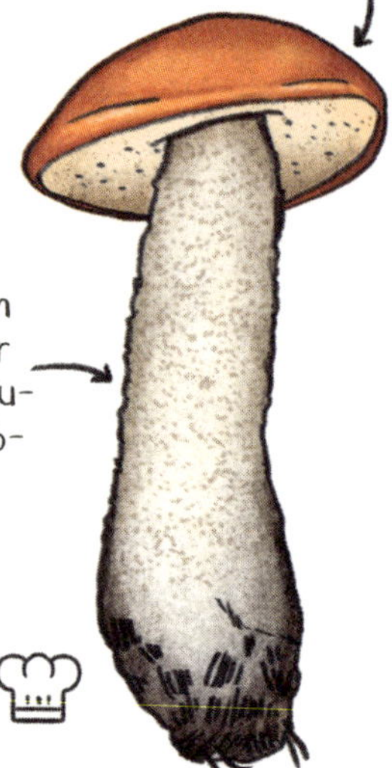

○ Espen-Rotkappe

Leccinum leucopodium

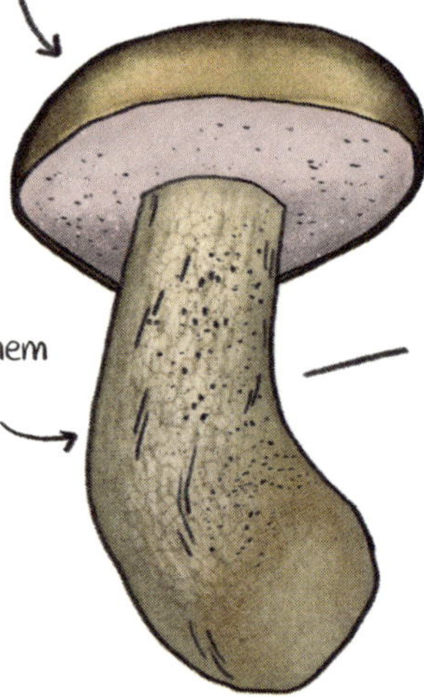

○ Gallenröhrling

Tylopilus felleus

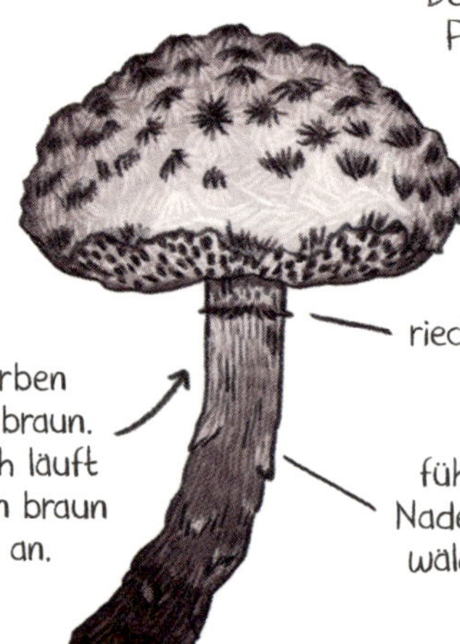

○ Strubbelkopfröhrling

Strobilomyces strobilaceus

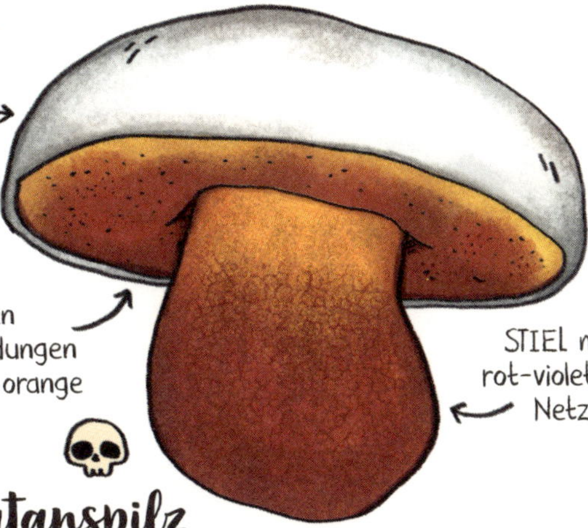

auffällig heller HUT

Er soll angenehm mild schmecken, löst aber schwere Magen-Darm-Störungen aus.

Röhren gelb, Mündungen blutrot bis orange

STIEL mit rot-violettem Netz

Satanspilz
Rubroboletus satanas

eine echte Seltenheit

mag es SAUER, ist auf sandigen Böden z. B. in Heiden & an Moorrändern anzutreffen

befällt meist den dickschaligen Kartoffelbovisten & zersetzt seinen Fruchtkörper, kann aber auch eine Mykorrhiza mit dessen Baumpartner ausbilden

Schmarotzerröhrling
Pseudoboletus parasiticus

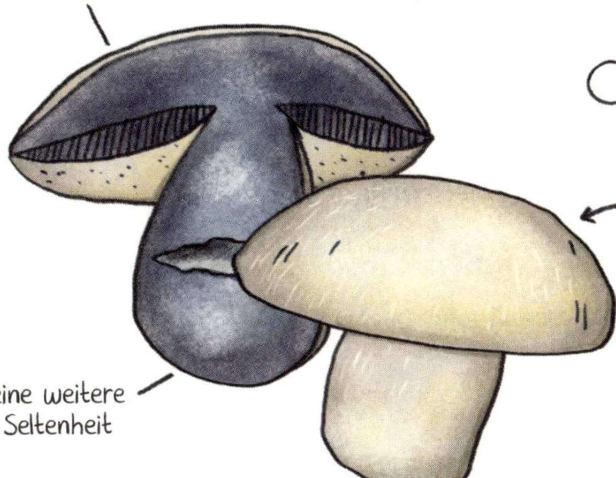

bevorzugt saure, sandige & nährstoffarme Böden

außen unscheinbar, innen WOW – läuft beim Anschneiden sofort Kornblumenblau an

eine weitere Seltenheit

Kornblumenröhrling
Gyroporus cyanescens

Der bei Nässe schmierige & klebrige HUT verrät auch hier die Zugehörigkeit zu den …?

Der aufsteigende Ring unterscheidet ihn vom „ringlosen Butterpilz".

im Nadelwald, bevorzugt bei Kiefern zu finden

Butterpilz
Suillus luteus

So erkennst du Porlinge [Polyporales]

„Porlinge" fasst Pilze aus vielen verschiedenen Gattungen künstlich zusammen. Ihre Fruchtschicht ist porig und fest mit dem Hutfleisch verwachsen. Du findest sie an Holz, dem sie sowohl als Parasiten als auch als Zersetzer zu Leibe rücken. Ihre Fruchtkörper bieten kleinsten Waldbewohnern Lebensraum und Nahrungsgrundlage. Ihr Myzel bringt über die Zeit selbst das härteste Eichenholz zum Erweichen. Spechte und andere Höhlenbewohner nutzen das als Starthilfe für eigene Bauprojekte.

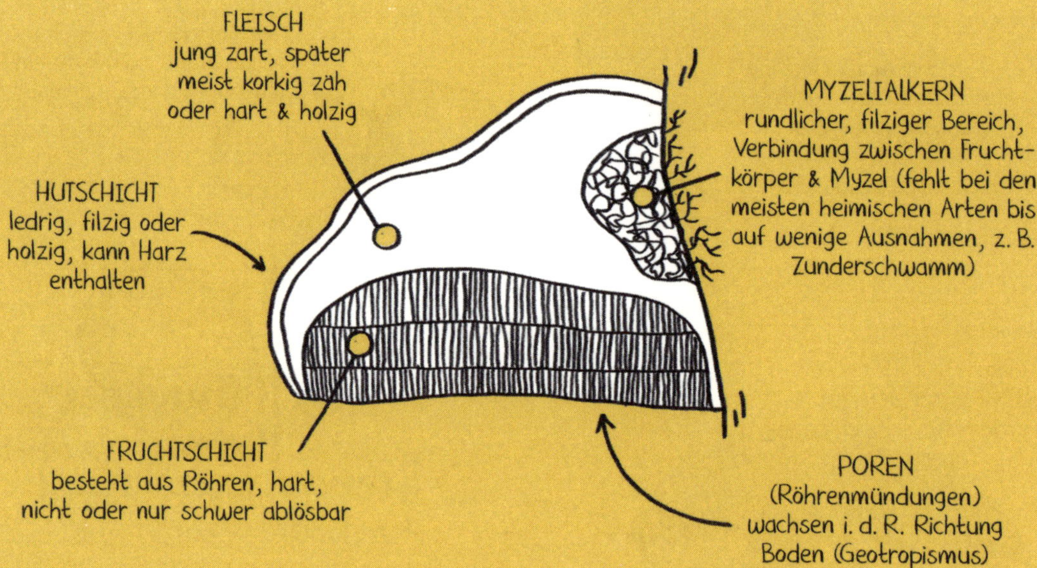

Porlinge gibt es in vielen verschiedenen Ausführungen, zum Beispiel:

Größe der Fruchtkörper variiert stark, von 5 - 50 cm Ø ist alles dabei!

Auch ein Blick auf die Unterseite lohnt sich!

Form und Größe der POREN sind charakteristisch. Sie können je nach Art sehr unterschiedlich ausgebildet sein und dir bei der Bestimmung eines Baumschwammes weiterhelfen.

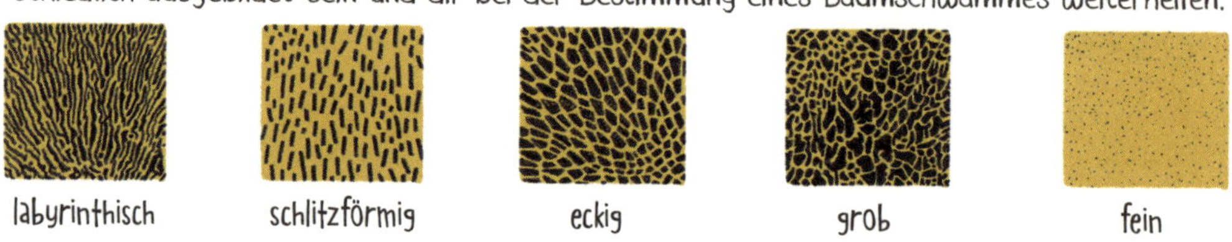

Bei uns in Europa kommen über 300 Arten vor.

Fun FACT: Es gibt bei den Porlingen MEHRJÄHRIGE Arten, die jedes Jahr eine neue Porenschicht ausbilden. Zu ihnen gehören der Zunderschwamm und die Feuerschwämme. Die Fruchtkörper beider Arten können MEHRERE JAHRZEHNTE alt werden!

○ Rotrandiger Baumschwamm

Fomitopsis pinicola

○ Schwefelporling

Laetiporus sulphureus

○ Buckeltramete

Trametes gibbosa

Der „Klassiker" unter den Baumpilzen, den hast du bestimmt schon mal gesehen. Je nach Baumart unterscheidet man verschiedene „Varietäten" des Grauen Feuerschwamms.

Ältere Fruchtkörper ähneln dem Zunderschwamm, reagieren aber nicht mit Lauge (s. u.).

an Laubbäumen, häufig an Weiden

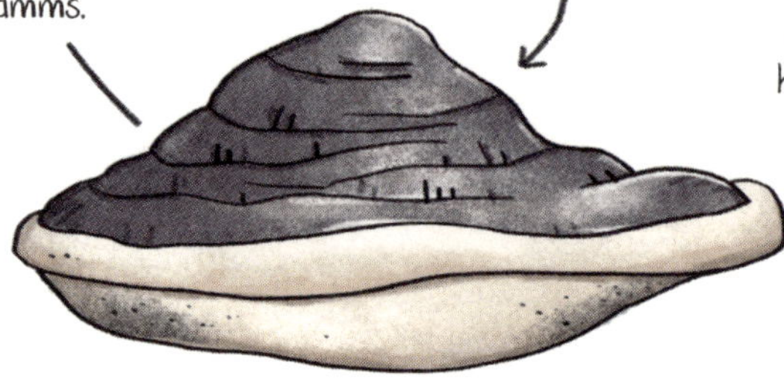

○ Grauer Feuerschwamm

Phellinus igniarius

befällt geschwächte Laubbäume & hält den Wald gesund

Trick 17: Kalilauge (KOH) färbt sich bei Kontakt mit der KRUSTE rot, so enttarnst du ihn!

FRUCHTKÖRPER kann zur Herstellung von Zunder, Kleidung etc. verwendet werden.

○ Echter Zunderschwamm

Fomes fomentarius

wird auf Englisch liebevoll „Turkey Tail" genannt

kommt in vielen Schattierungen vor

POREN frisch weiß, später gelblich

○ Schmetterlingstramete

Trametes versicolor

GANZER PILZ knallrot (Sogar das Myzel!) & unverwechselbar

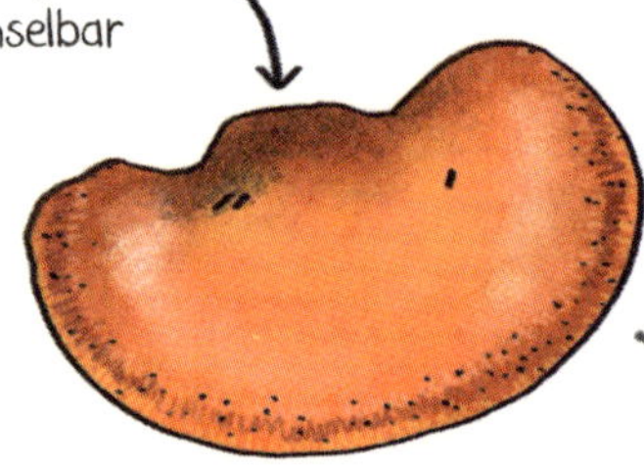

Zersetzer, bevorzugt an Laubhölzern

mag sonnige Plätzchen im Wald

○ Zinnoberrote Tramete

Pycnoporus cinnabarinus

fleischähnliche Konsistenz, saftet bei Verletzung blutrot

vor der weiteren Verarbeitung 10 Min in Salzwasser kochen

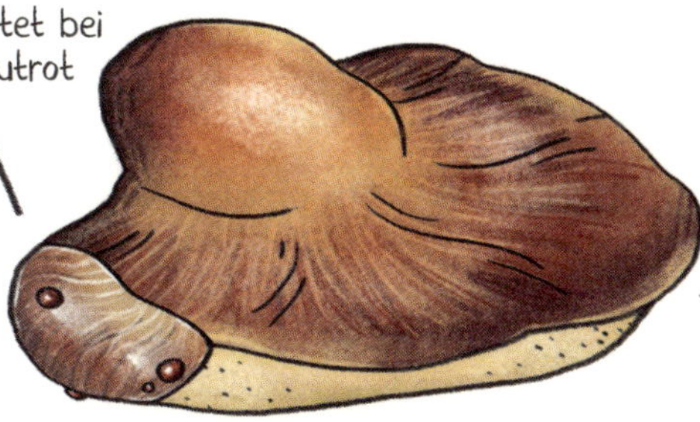

kann mit dem giftigen Zimtfarbenen Weichporling verwechselt werden

◯ Leber-Reischling

Fistulina hepatica

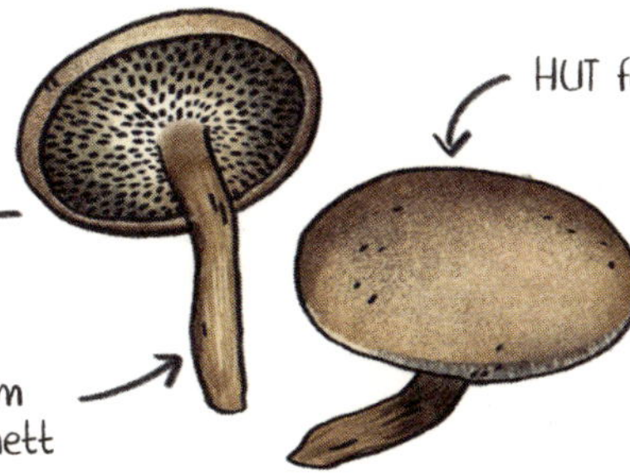

HUT feinfilzig

Sein potenzieller Einsatz in der Krebstherapie wird gerade erforscht.

Porling am Stiel, wie nett

◯ Winter-Stielporling

Lentinus brumalis

Bei Kontakt mit Lauge (z. B. KOH) verfärbt sich der FRUCHTKÖRPER lila!

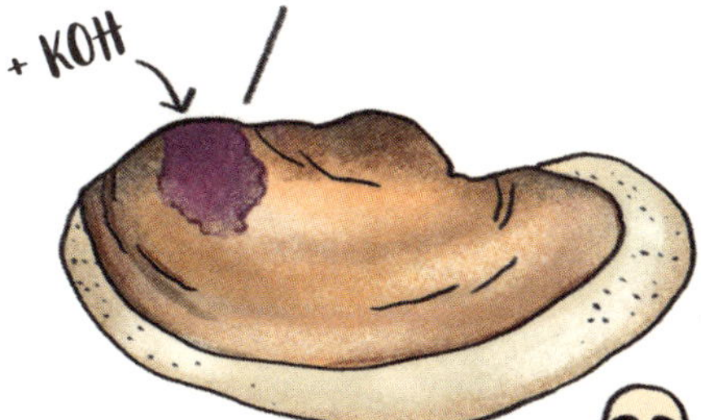

GIFT (Polyporsäure) wirkt auf das zentrale Nervensystem & kann Nieren sowie Leber schädigen.

gute Färbepilze (siehe Seite 117)

◯ Zimtfarbener Weichporling

Hapalopilus nidulans

Groß! (bis 30 cm Ø)

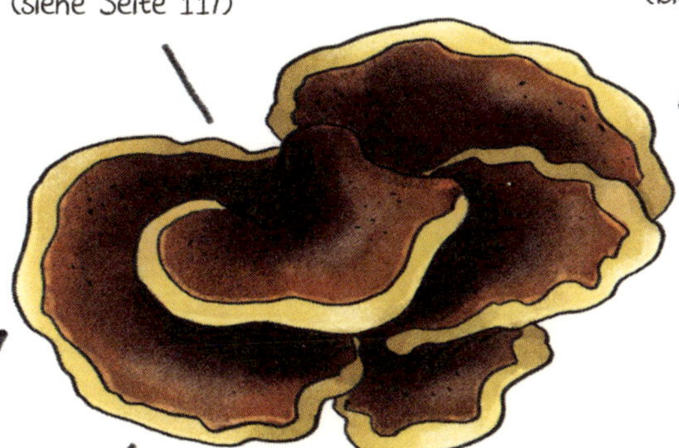

bildet hübsche Terrassen aus

Alte Fruchtkörper verlieren viel Wasser und wirken dann im Vergleich zur Größe absurd leicht.

◯ Nadelholz-Braunporling

Phaeolus schweinitzii

So erkennst du Schnecklinge [Hygrophorus]

Bei uns in Europa kommen etwa 40 Arten vor.

Schnecklinge sind mit Bäumen verpartnert und daher mehrheitlich in Wäldern zu finden. Die mittelgroßen, fleischigen Pilze können bei geeigneter Witterung das ganze Jahr über auftreten. Im Spätherbst und Winter bilden sie die Nachhut, wenn sich die meisten anderen Pilze bereits zurückgezogen haben. Der Großteil der Schnecklingsarten ist auffällig schleimig. Ob sie so zu ihrem Namen gekommen sind?

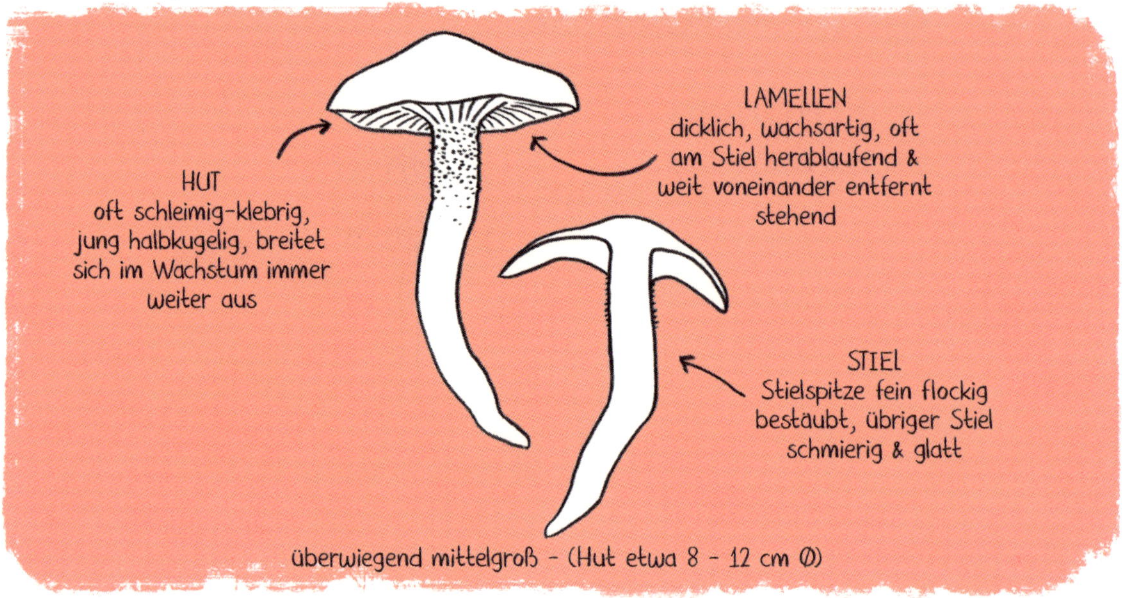

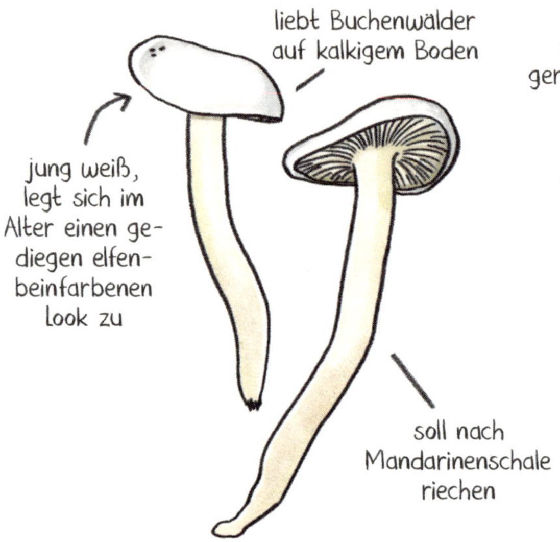

○ Elfenbein-Schneckling

Hygrophorus eburneus

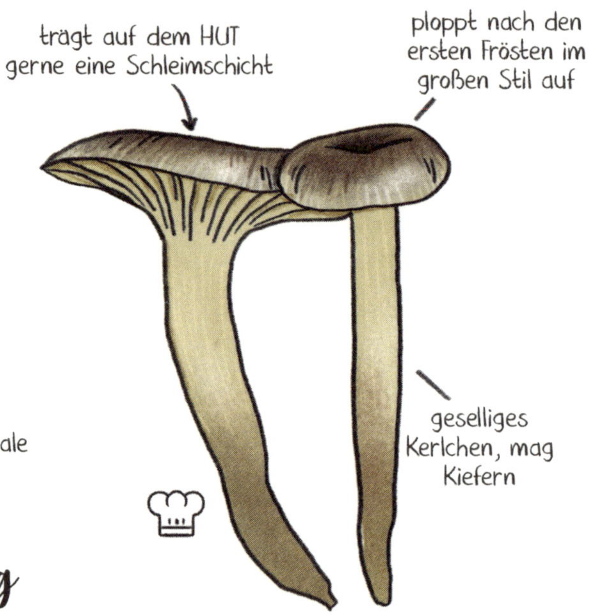

○ Frost-Schneckling

Hygrophorus hypothejus

Übersichtszeichnungen der Blätterpilze nach E. Horak „Synopsis generum Agaricalium"

So erkennst du Saftlinge [Hygrocybe]

Bei uns in Europa kommen fast 40 Arten vor.

Saftlinge sind atemberaubend schöne Pilzchen. Sie strahlen absurd knallig aus der Wiese hervor. Nach Regenfällen wirken sie wie von einer glänzenden Glasschicht überzogen. Du findest sie auf mageren Böden. Da sie meist empfindlich auf Dünger reagieren, sind sie fast überall selten geworden und gelten als Anzeiger für Umweltqualität. Einem Saftling in freier Wildbahn zu begegnen, ist also aus zweierlei Hinsicht etwas ganz Besonderes.

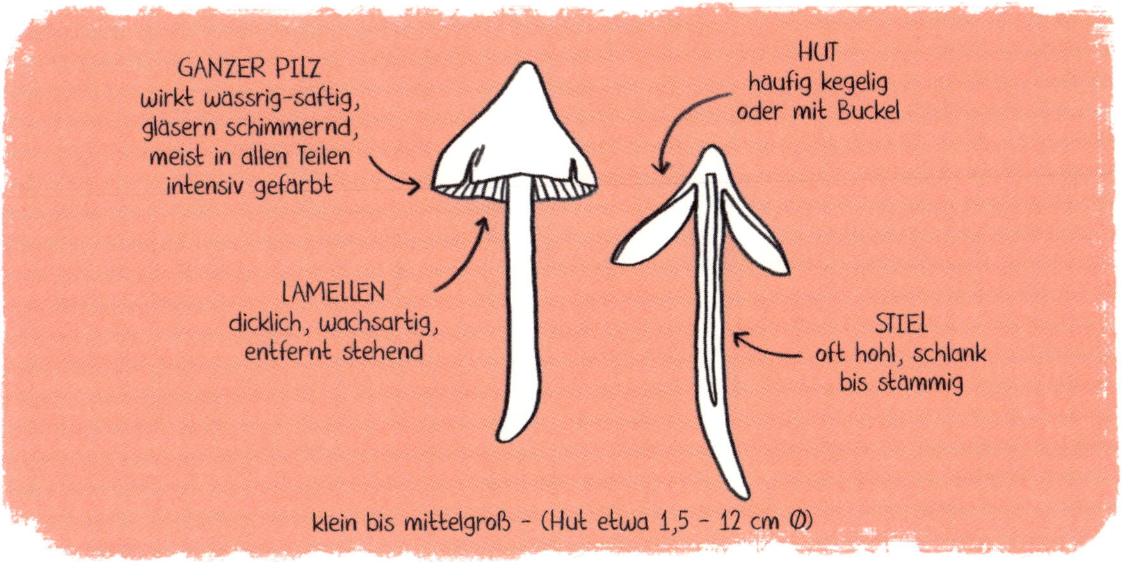

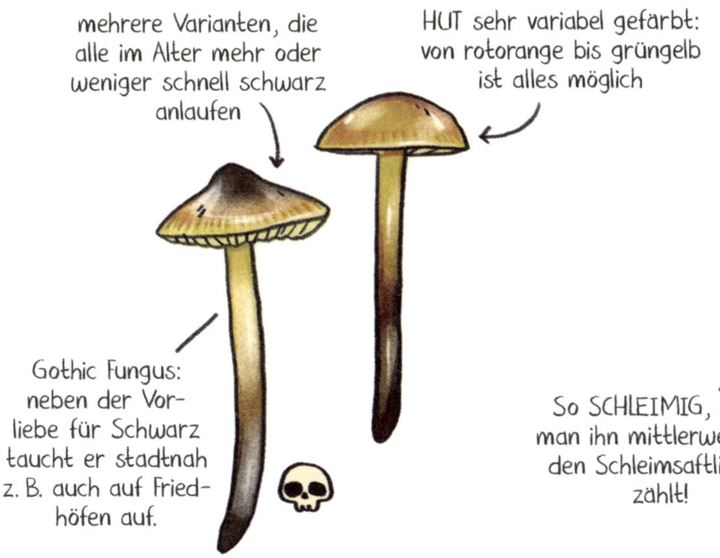

○ Kegeliger Saftling

Hygrocybe conica

○ Papageigrüner Saftling

Gliophorus psittacinus

So erkennst du Täublinge [Russula]

Die Täublinge sind glücklichmachende Farbtupfer in unseren Wäldern. Ihre Hüte sind oft leuchtend bunt gefärbt und ziehen damit viel Aufmerksamkeit auf sich. Von Ockergelb über Kirschrot bis hin zu Grün und Braun ist alles vertreten. Lamellen und Stiel setzen sich mit ihrem strahlenden Weiß gekonnt davon ab – trés chic, le Täubling! Aber Achtung: Der tödlich giftige Grüne Knollenblätterpilz wird immer wieder mal für einen essbaren Täubling gehalten, also schau genau!

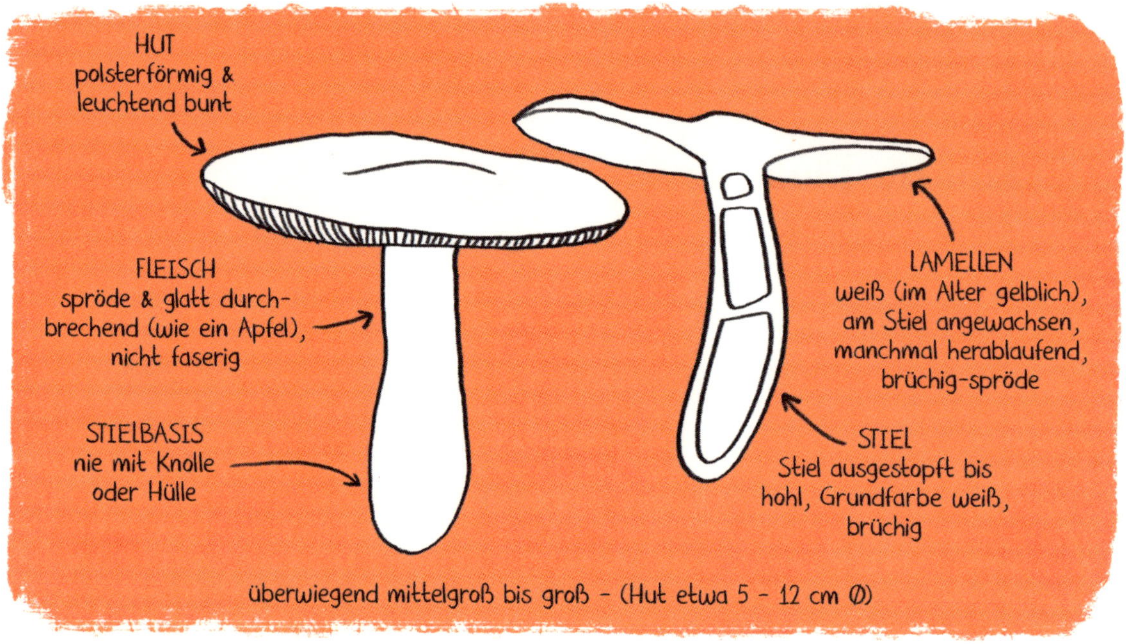

○ Grüngefelderter Täubling

Russula virescens

FUN FACT: Essbare und ungenießbare Täublinge lassen sich anhand der „Täublingsprobe" unterscheiden. Dafür zerkaut man ein Stückchen rohen Pilz und spuckt es anschließend wieder aus. Schmeckt es mild, ist der Pilz genießbar, schmeckt es scharf, nicht. Aber aufgepasst: Bei einigen wirken Täublinge wohl tatsächlich betäubend (Mundschleimhaut und Lippen). Ich habe diese Erfahrung bereits gemacht und verzichte daher auf die Probe.

Bei uns in Europa kommen über 200 Arten vor.

HUT
viele Schattierungen möglich: grün, bräunlich, grau – aber i. d. R. mit wenigstens einem Hauch Violett

LAMELLEN
untypisch weich & schmierig, Ausnahmen bestätigen die Regel und so ...

findest du in Mischwäldern

◯ Frauen-Täubling

Russula cyanoxantha

HUTHAUT glänzt bei Feuchtigkeit stark

Du findest ihn in Bergnadelwäldern, aber auch im Flachland.

riecht lecker nach Obst, ist aber GIFTIG & bringt dich zum „speien"

◯ Kirschroter Spei-Täubling

Russula emetica

STIEL & LAMELLEN
ergrauen im Alter, sympathisch

mag moorige, saure Böden, Birken & Fichten

FLEISCH
bei Verletzung meist rötend, später grauschwarz anlaufend

◯ Gelber Graustiel-Täubling

Russula claroflava

HUT
wunderschön purpurrot

STIEL
weiß, meist rot überhaucht

riecht nach Heringslake & das soll auch so

◯ Roter Herings-Täubling

Russula xerampelina

So erkennst du Milchlinge [Lactarius & Lactifluus]

Die Milchlinge eint – der Name lässt es schon vermuten – die Tatsache, dass ihr Fleisch bei Verletzung eine Flüssigkeit absondert, den Milchsaft. Dieser Saft kann wässrig, milchig weiß oder sogar knallig orange sein und ist charakteristisch für die jeweilige Art. Junge Milchlinge sind klein, mit kugeligen Hüten und eingerolltem Hutrand. Molekulargenetisch unterscheidet man zwei Gattungen: Lactarius und Lactifluus.

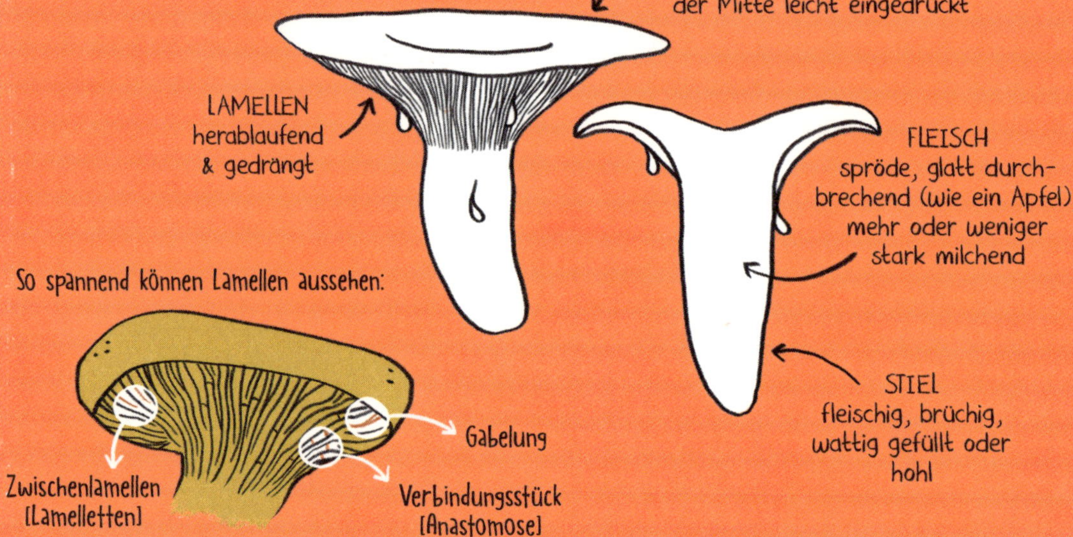

überwiegend mittelgroß bis sehr groß – (Hut etwa 5 – 25 cm Ø)

○ **Edel-Reizker**

Lactarius deliciosus

Bei uns in Europa kommen etwa 100 Arten vor.

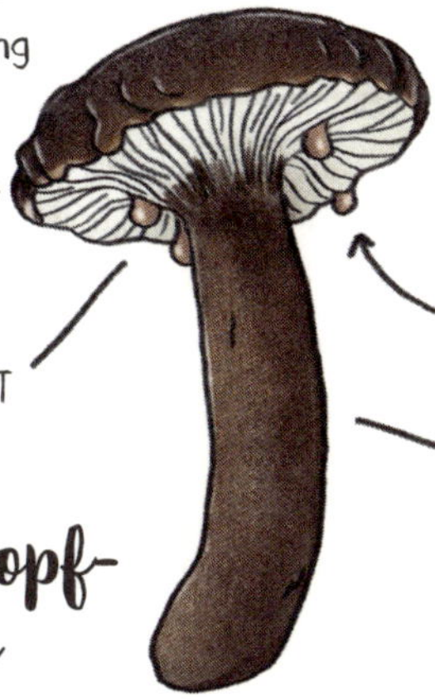

○ Schwarzkopf-Milchling
Lactarius lignyotus

FUN FACT: Ist dir schon aufgefallen, dass viele Pilze mit schnuckelig-kugeligen Hüten in ihr Dasein starten, die sich dann schnell ausbreiten und flacher werden? Diesen Vorgang bezeichnet man auch als Aufpilzen oder Aufschirmen.

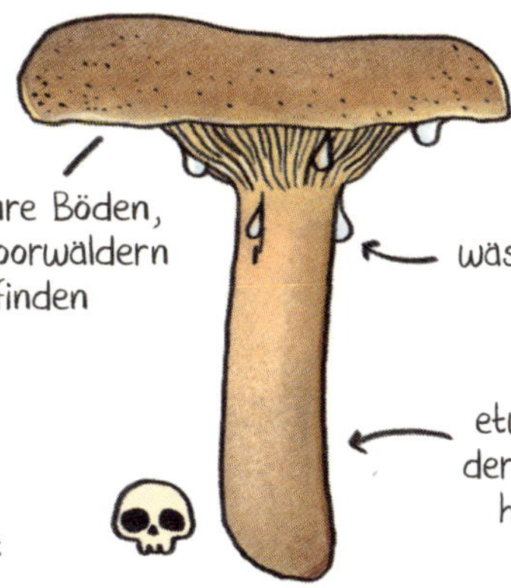

○ Maggipilz
Lactarius helvus

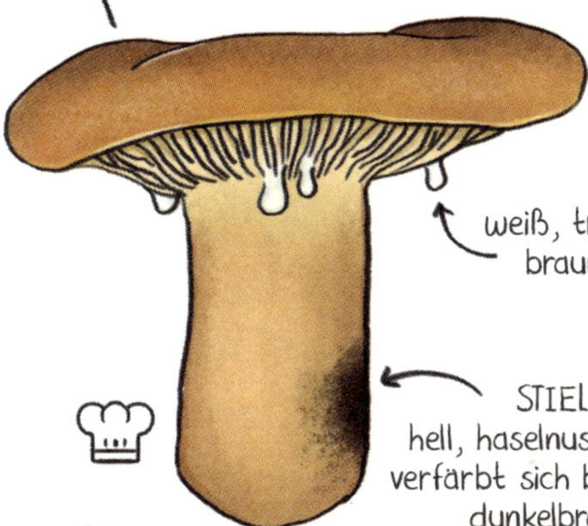

○ Brätling
Lactifluus volemus

○ Wolliger Milchling
Lactifluus vellereus

So erkennst du Ritterlinge [Tricholoma]

Bei uns in Europa kommen über 50 Arten vor.

Unter den Ritterlingen finden sich viele große, kräftige Pilze mit festem Fleisch. Ihr Erscheinungsbild ist markant, also gut wiederzuerkennen. Ähnlich gebaute Pilze aus anderen Gattungen (z. B. Schönköpfe oder Rötelritterlinge) werden daher häufig als Pilze mit Ritterlingshabitus beschrieben. Sobald du Ritterlinge erkennen kannst, fällt dir die Orientierung in diesen Gruppen merklich leichter. Let's go!

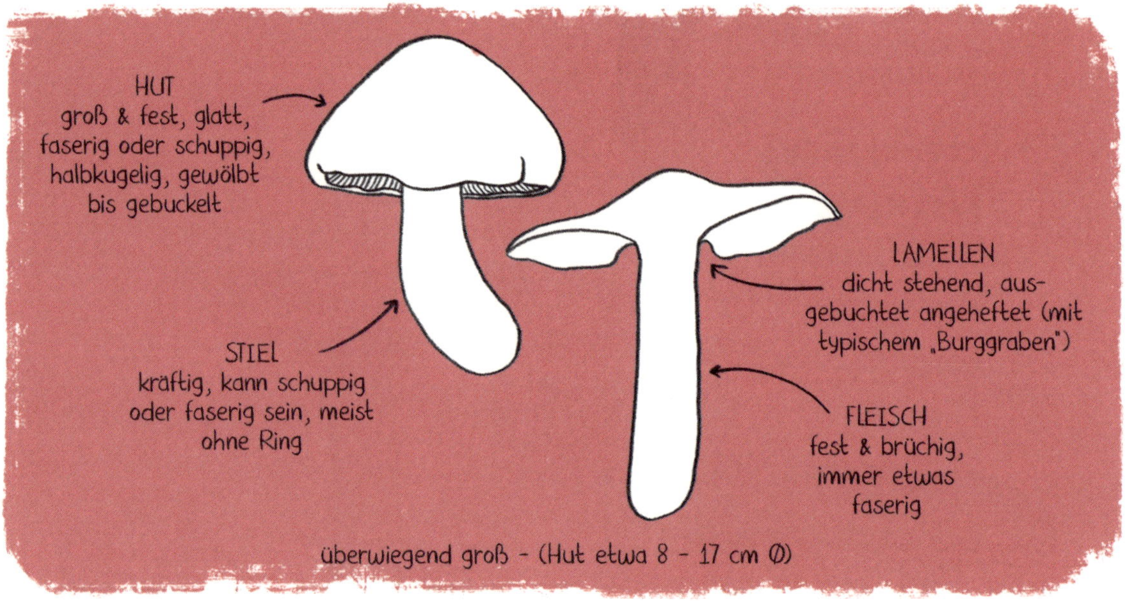

○ **Grünling**
Tricholoma equestre

○ **Seifenritterling**
Tricholoma saponaceum

So erkennst du Holzritterlinge [Tricholomopsis]

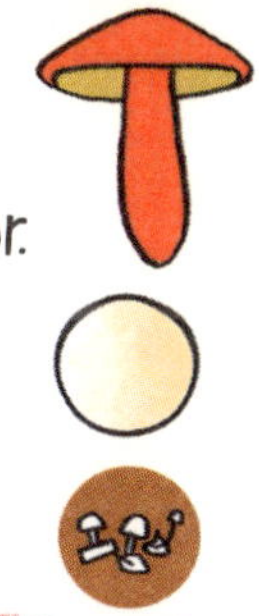

Bei uns in Europa kommen etwa 4 Arten vor.

Die Holzritterlinge sehen den Ritterlingen sehr ähnlich, leben aber immer als Zersetzer auf totem, meist morschem Holz. Zwei meiner absoluten Lieblingspilze gehören in diese Gruppe. Du stehst auf schöne Farbkombinationen und weißt die Ästhetik von quietschbunten Pilzen auf Holz zu schätzen? Dann sind diese beiden vielleicht etwas für dich:

überwiegend groß - (Hut etwa 8 - 17 cm Ø)

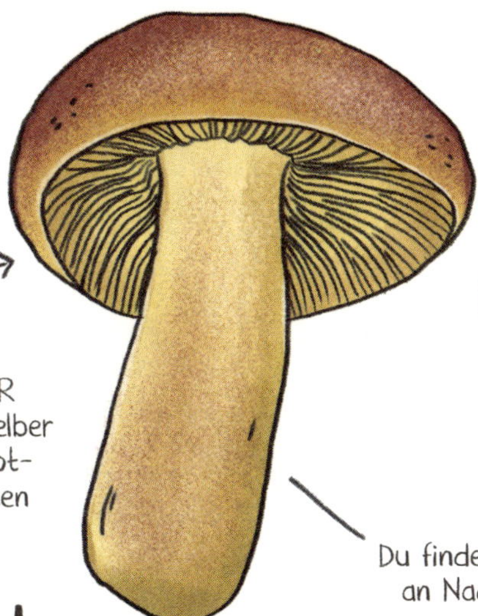

Du findest beide an Nadelholz

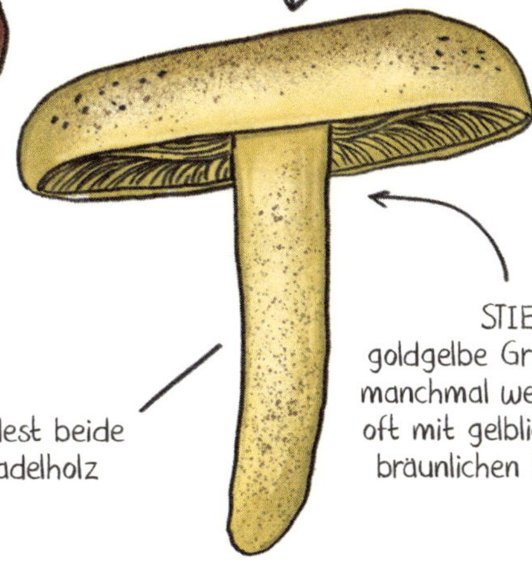

○ **Rötlicher Holzritterling**
Tricholomopsis rutilans

○ **Olivgelber Holzritterling**
Tricholomopsis decora

So erkennst du Helmlinge [Mycena]

Die Helmlinge sind eine bunt zusammengewürfelte Truppe aus sehr kleinen bis mittelgroßen Pilzen. Viele von ihnen präsentieren sich überaus zart und filigran, mit gerieften Hüten, die elegant auf langen, feinen Stielen sitzen. Sie treten oft in Gruppen, viele sogar gleich büschelweise auf und sind dann besonders schön anzusehen. In dieser Gattung gibt es einige Arten, denen zugeschrieben wird, aus eigener „Kraft" Licht zu erzeugen*. Dieses grünliche Leuchten von Myzel oder Fruchtkörpern konnte ich bei heimischen Arten bisher noch nicht beobachten.

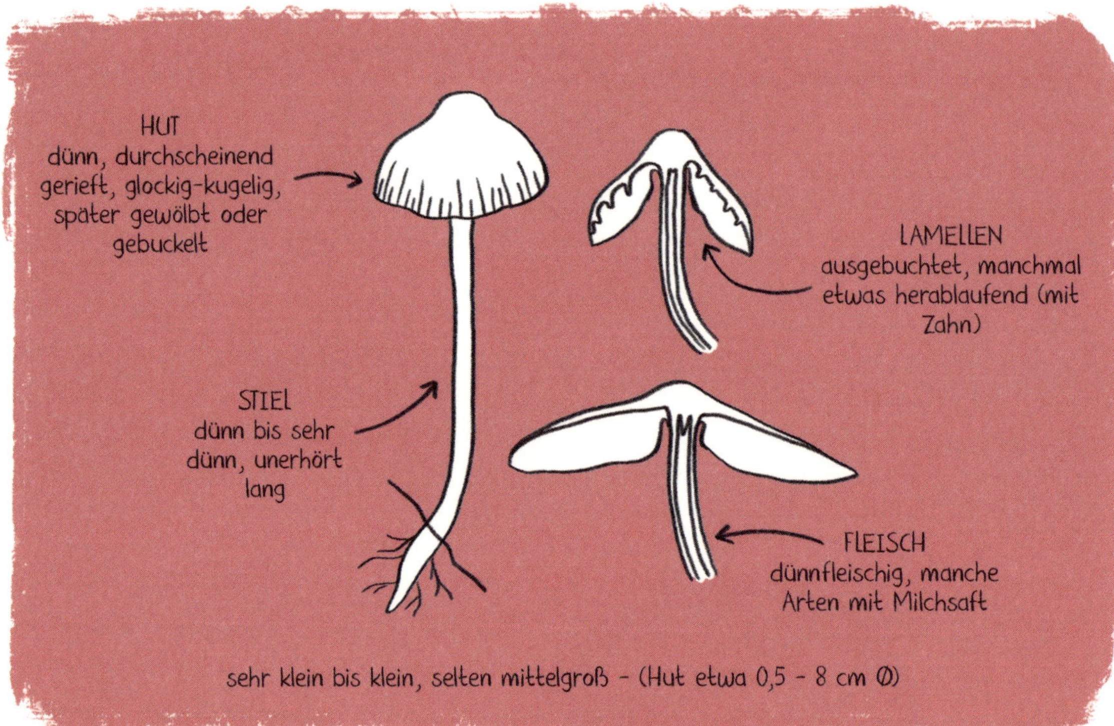

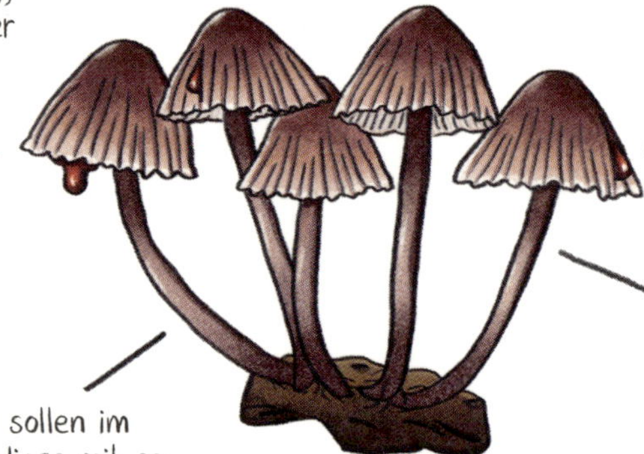

○ Großer Bluthelmling

Mycena haematopus

* siehe Seite 43, Biolumineszenz

Bei uns in Europa kommen über 150 Arten vor.

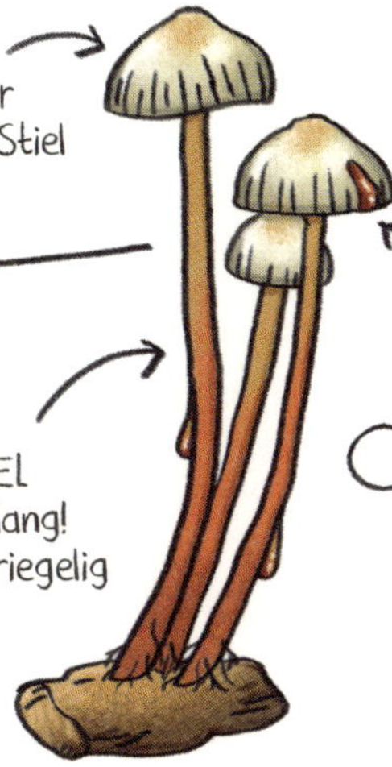

○ Gelbmilchender Helmling
Mycena crocata

○ Rosa Rettichhelmling
Mycena rosea

○ Büscheliger Nitrathelmling
Mycena stipata

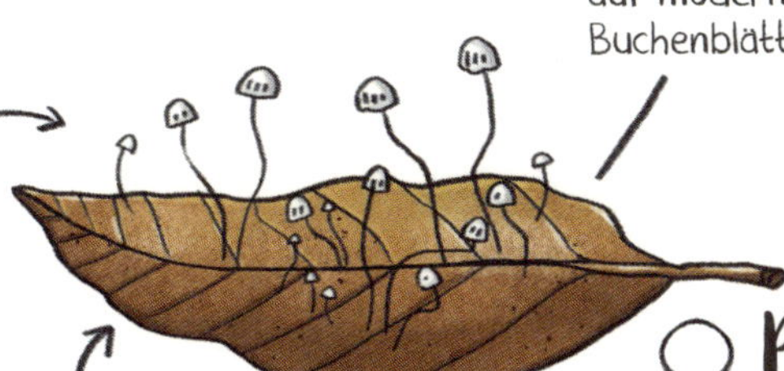

○ Buchenblatt-Helmling
Mycena capillaris

* Bei Nässe gelangt Wasser zwischen die Zellen, sodass sich die Hutfarbe verändert.

So erkennst du Seitlinge [Pleurotus & Co.]

Pilze aus dieser Gruppe kennst du vielleicht aus dem Supermarkt. Kräuterseitlinge und Austernseitlinge sind beliebte Markt- und Zuchtpilze. Die ergiebigen Fruchtkörper eignen sich hervorragend als schmackhafter Fleischersatz. In der freien Natur findest du nur noch wenige Arten. Aber wenn du sie aufspüren kannst, dann meist in großer Zahl. Ich stelle dir hier auch drei Arten vor, die früher aufgrund ihrer Erscheinung zu den Seitlingen gezählt haben. Mittlerweile wurden sie auf andere Gattungen verteilt: Weißseitlinge (Pleurocybella), Zwergknäuelinge (Panellus) und Orangenseitlinge (Phyllotopsis). Ihre deutschen Namen zeugen noch von den alten Verwandtschaftsverhältnissen.

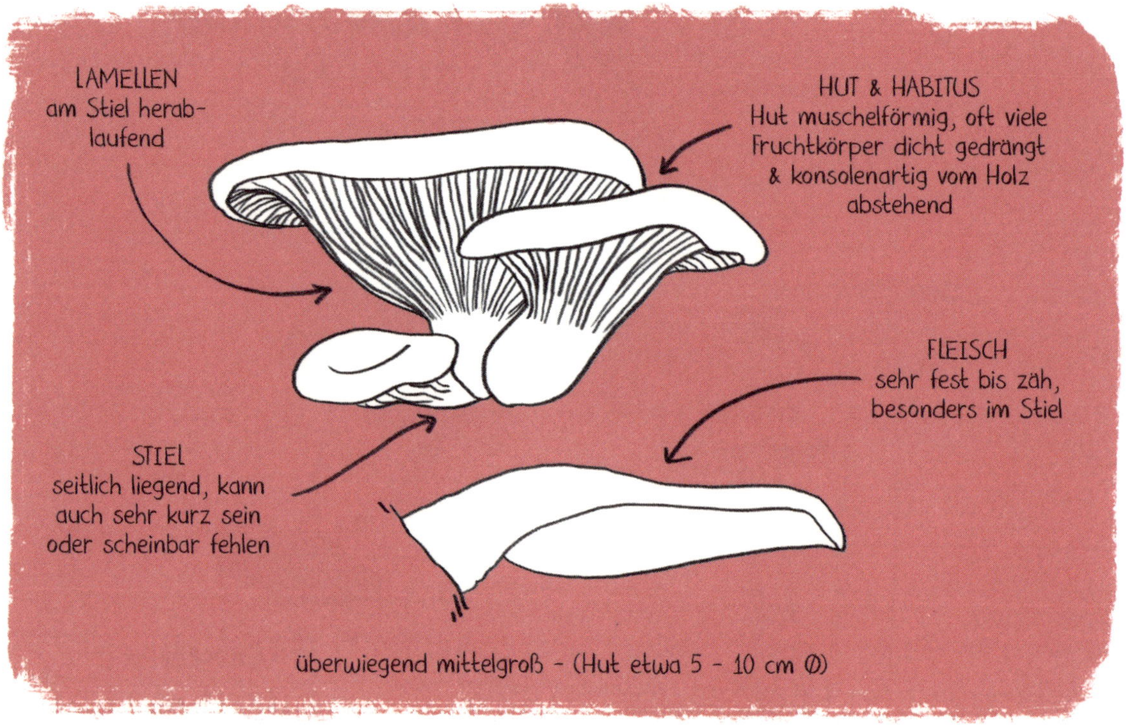

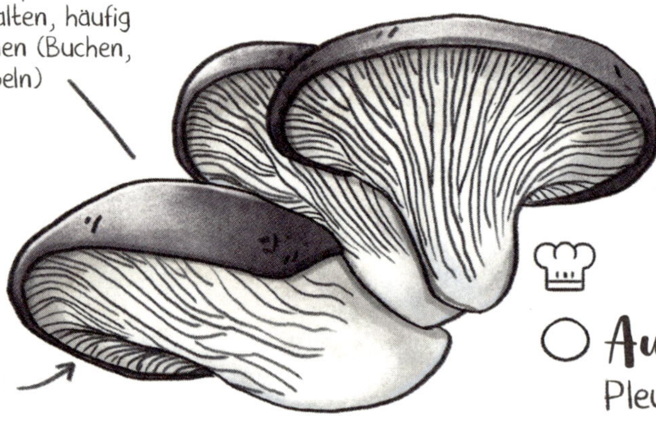

○ Austernseitling

Pleurotus ostreatus

* Hyphen = Fäden aus Pilzzellen

Bei uns in Europa kommen etwa 6 Arten vor.

HUT
elfenbeinweiß bis blass graubraun, Rand kann gilben

soll schwach süßlich nach Anis duften

verschwindet, sobald es ihm zu kalt wird

LAMELLEN
herablaufend

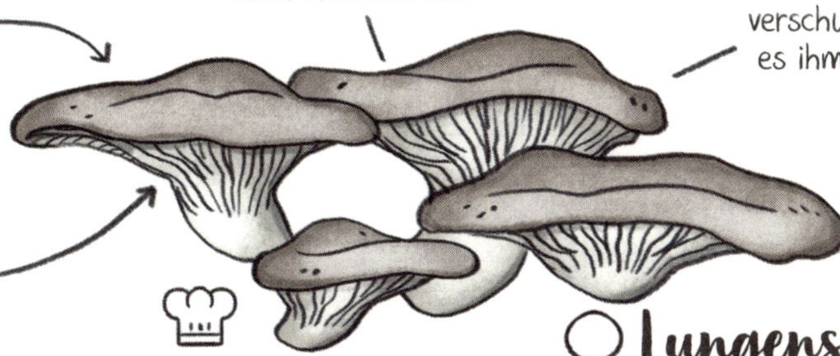

○ Lungenseitling

Pleurotus pulmonarius

wächst an morschem Nadelholz

GIFTWIRKUNG
bisher nur in Japan dokumentiert: bei älteren, nierengeschädigten Personen, Symptome ähnlich Hirnhautentzündung bis hin zu Koma & Tod

Spitzname Engelsflügel: leuchtend weiß, mit unregelmäßig gebuchteten, flügelförmigen Hüten

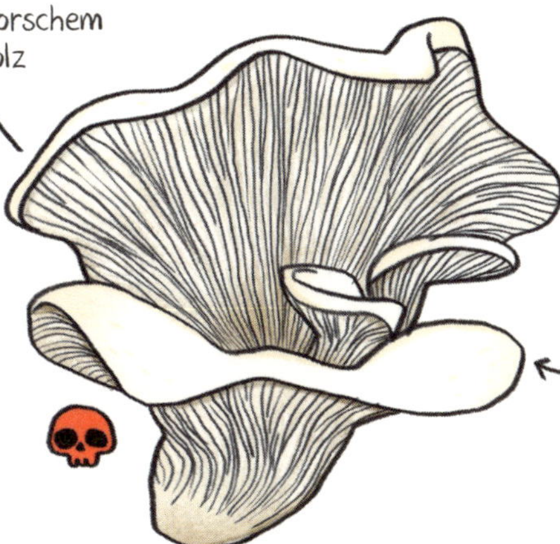

○ Ohrförmiger Seitling

Pleurocybella porrigens

LAMELLEN
ockergelb, abrupt endend

oft an Buche, Erle, Pappel, Weide

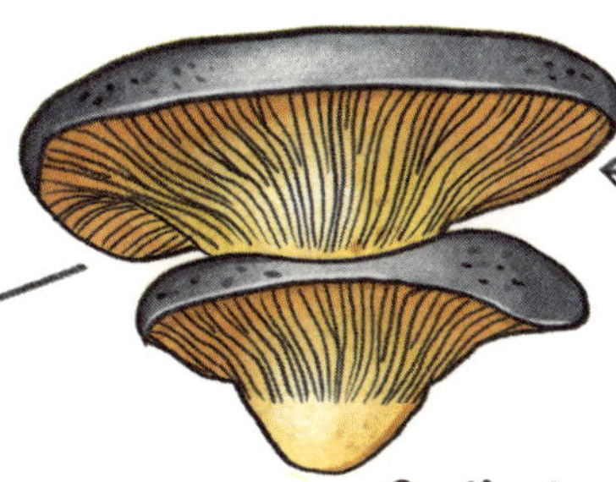

○ Gelbstieliger Muschelseitling

Panellus serotinus

FRUCHTKÖRPER
muschelförmig, meist ungestielt

striegelig & filzig

leuchtend orange

○ Gemeiner Orangenseitling

Phyllotopsis nidulans

So erkennst du Trichterlinge [Clitocybe]

Bei uns in Europa kommen über 60 Arten vor.

Die Gattung der Trichterlinge ist schwer im Umbruch begriffen. Neuere molekulargenetische Untersuchungen der Verwandtschaftsverhältnisse bringen ordentlich Bewegung in die Bude. Für uns soll an dieser Stelle erstmal nur wichtig sein, welche Merkmale du zurate ziehen kannst, um festzustellen, ob der Pilz von Interesse vielleicht ein Trichterling (im weiteren Sinne) sein könnte. Alles Übrige können wir an dieser Stelle getrost den fachkundigen Menschen aus der Mykologie überlassen.

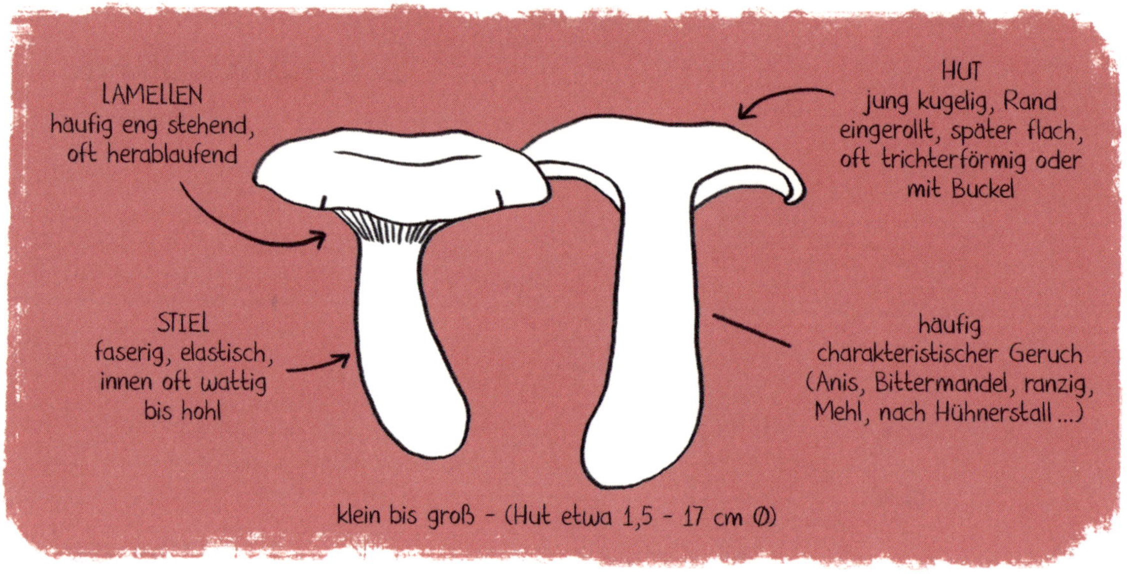

galt früher als Speisepilz, enthält aber potenziell zellschädigendes NEBULARIN

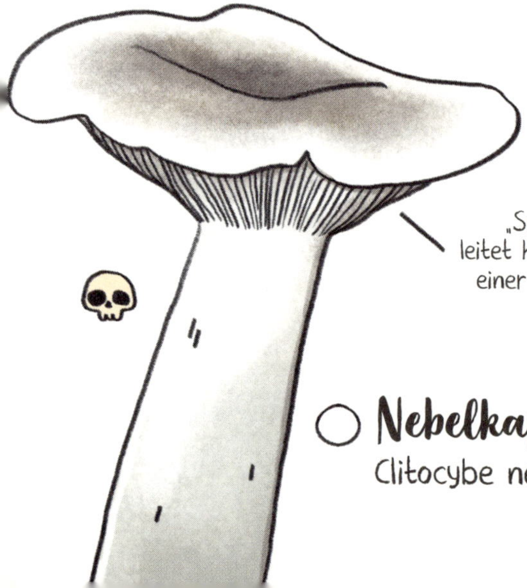

„Spätzünder", leitet häufig das Ende einer Pilzsaison ein

○ **Nebelkappe**
Clitocybe nebularis

GANZER PILZ
wunderschön graugrün bis blaugrau

riecht unverkennbar nach Anis

○ **Grüner Anistrichterling**
Clitocybe odora

So erkennst du Schwindlinge [Marasmius]

Bei uns in Europa kommen über 60 Arten vor.

Schwindlige, was für ein seltsamer Name. Der beruht auf einer ganz famosen Eigenschaft dieser zarten Pilzchen: Bei Trockenheit schwinden sie buchstäblich dahin, nur um nach einem Regenguss wieder aufzuleben. Als Zersetzer besiedeln sie abgestorbenes Pflanzenmaterial und dort gerne Äste, Zweige und was sich sonst noch so in der Streu finden lässt. Sie sind in der Summe alles andere als selten und dazu noch hübsch anzusehen. Mir hat es der zarte Halsbandschwindling ganz besonders angetan.

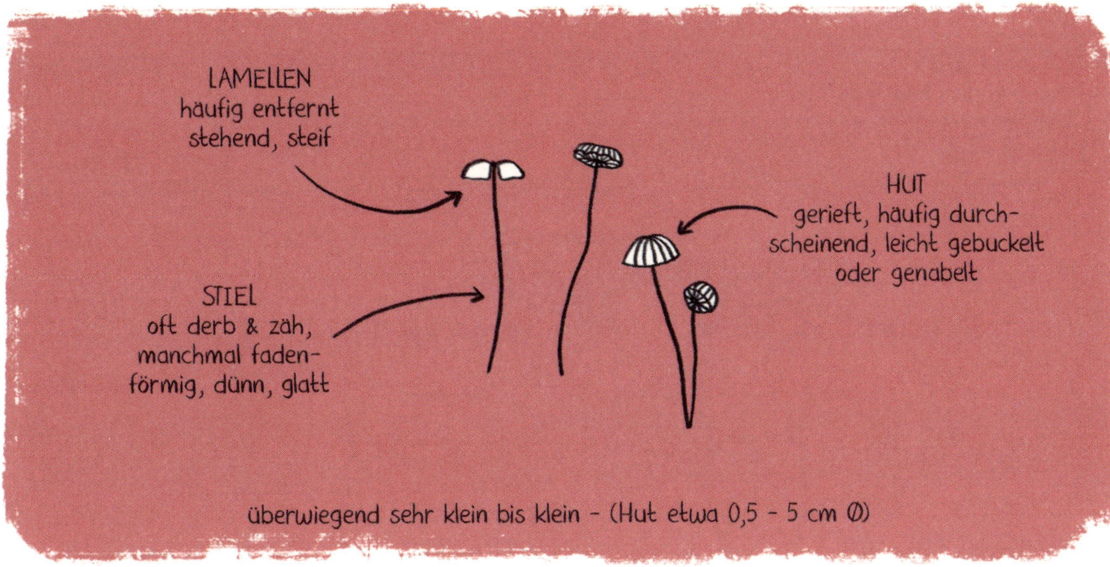

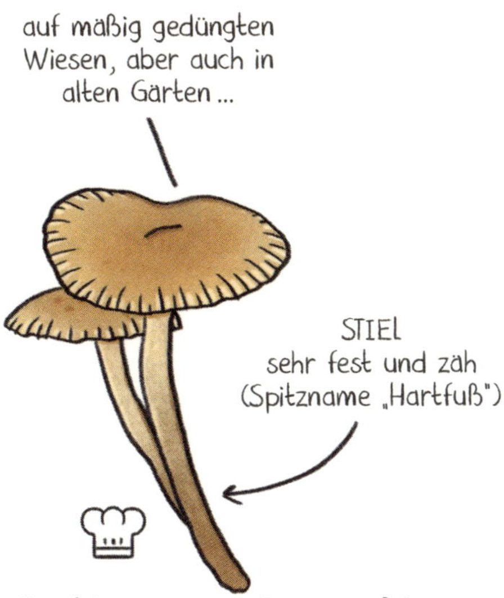

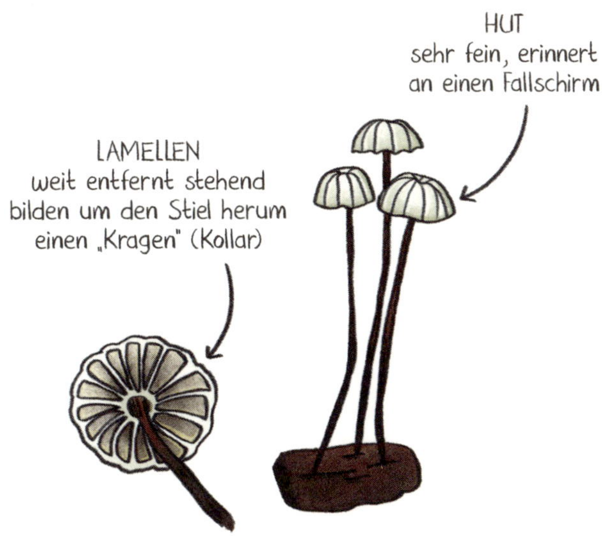

○ **Nelkenschwindling**
Marasmius oreades

○ **Halsbandschwindling**
Marasmius rotula

So erkennst du Champignons [Agaricus]

Den Zuchtchampignon (Agaricus bisporus) kennt wohl jedes Kind, ist er doch für viele der erste und häufig auch einzige Speisepilz, mit dem sie kulinarisch in Berührung kommen. Weniger bekannt dürften dagegen seine wild wachsenden Verwandten sein. Der Karbol-Champignon war der erste Vertreter dieser Gattung, den ich in freier Wildbahn gefunden habe. Was habe ich mich gefreut über die ansehnlichen Pilze, die im Hexenring auf einer alten Obstwiese wuchsen! Aber der stechende Geruch ließ mich schnell stutzig werden und so landete dieser giftige Pilz nicht in meiner Pfanne. Glück gehabt. Champignons essen solltest du nur, wenn du die Arten wirklich sicher voneinander unterscheiden kannst.

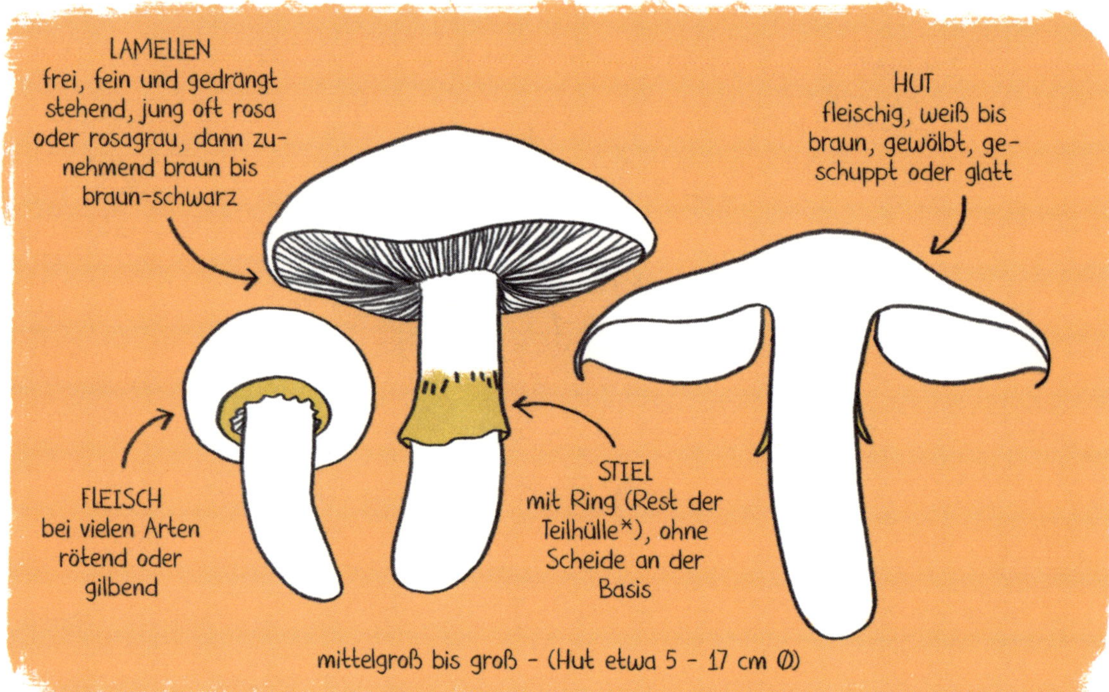

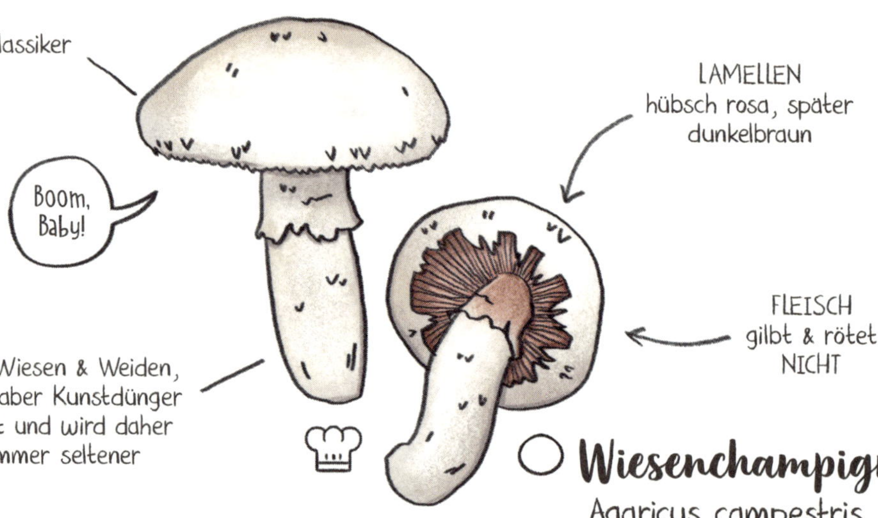

○ Wiesenchampignon

Agaricus campestris

* Velum partiale, schützt die sporenbildende Schicht (Seite 92)

Bei uns in Europa kommen über 60 Arten vor.

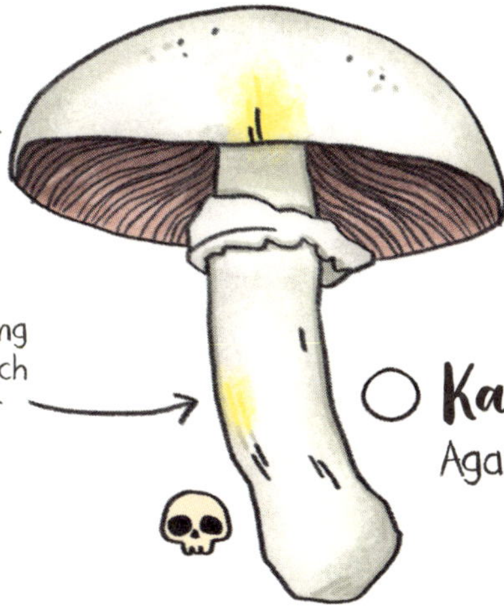

riecht streng, nach Pflaster oder Tinte

Den solltest du kennen: magen-darm-giftig & verantwortlich für viele Pilzvergiftungen.

FLEISCH läuft bei Verletzung gelb an, färbt auch das Kochwasser chromgelb

○ Karbolchampigon

Agaricus xanthodermus

LAMELLEN eher gräulich, weniger leuchtend rosa

duftet herrlich nach Anis

oft hoher Schwermetall-gehalt (Cadmium)

○ Gemeiner Anischampignon

Agaricus arvensis

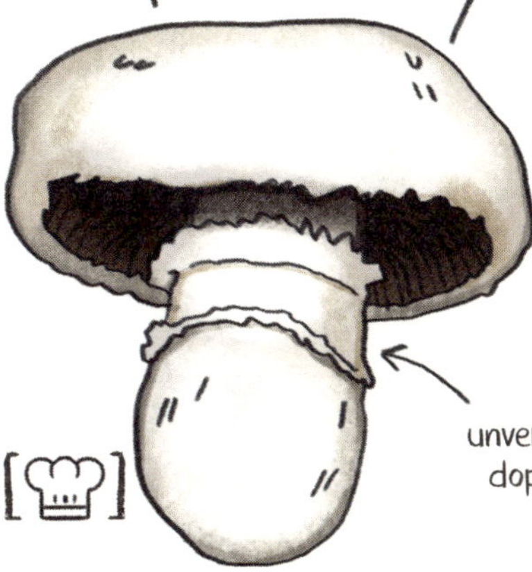

Kraftprotz, stemmt sich scheinbar mühelos durch Steinplatten & Straßenbelag

Je nach Standort können Fruchtkörper mit Schwermetall belastet sein.

unverkennbar: der doppelte RING

○ Stadtchampignon

Agaricus bitorquis

auch mal hübsch: bräunliche Färbung statt weißer

Außerhalb von Wäldern findest du ihn an nährstoffreichen Stellen, z. B. auf Parkplätzen & an Wegesrändern.

FLEISCH rötet bei Verletzung

○ Kleiner Blutegerling

Agaricus sylvaticus

So erkennst du Wulstlinge und Co. [Amanita]

In dieser Gruppe finden wir den Pilz aller Pilze, die Königin des Waldes: Lady Amanita muscaria, besser bekannt als Fliegenpilz. Sie stiehlt allen die Show, wenn sie in leuchtend weißer und roter Pracht im moosigen Dunkel unserer Wälder erblüht. Eng verwandt ist sie mit tödlich giftigen Pilzen wie dem Grünen Knollenblätterpilz und dem Pantherpilz. Ja, die Amanita machen keine halben Sachen, soviel steht fest. Neben Knollenblätterpilzen und Wulstlingen zählen auch die Streiflinge zu dieser Gruppe. Sie ähneln äußerlich den Knollenblätterpilzen, sind aber immer ohne Ring unterwegs, da sie keine Teilhülle besitzen.

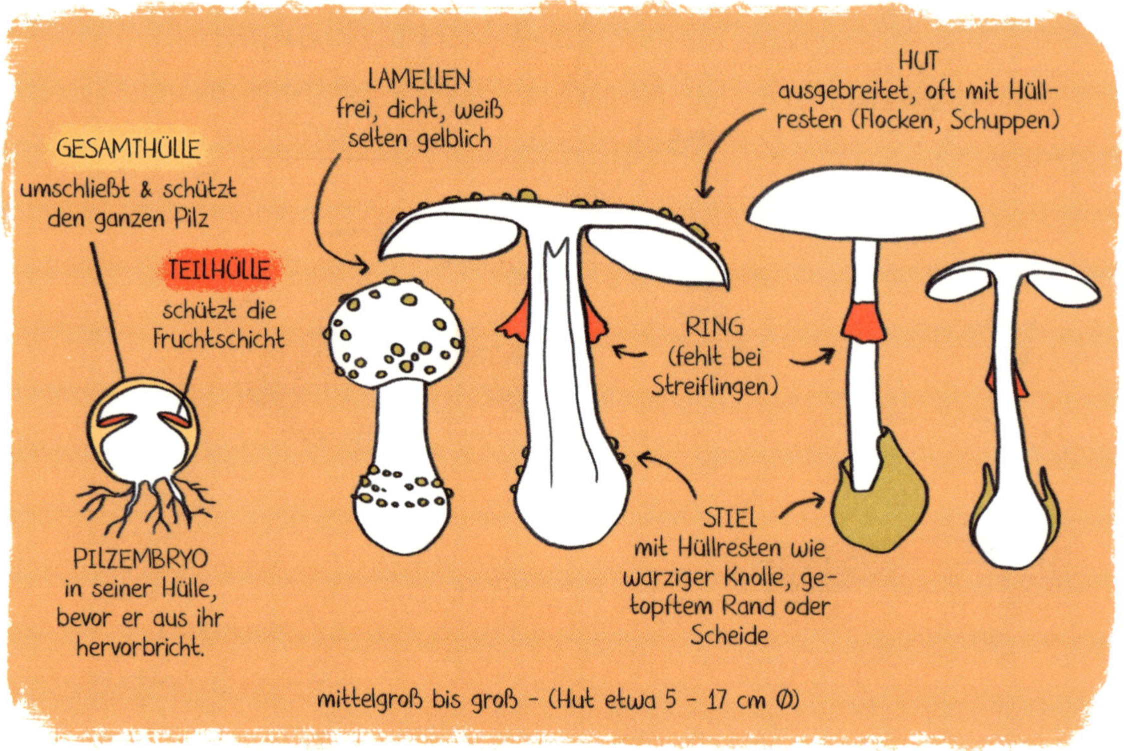

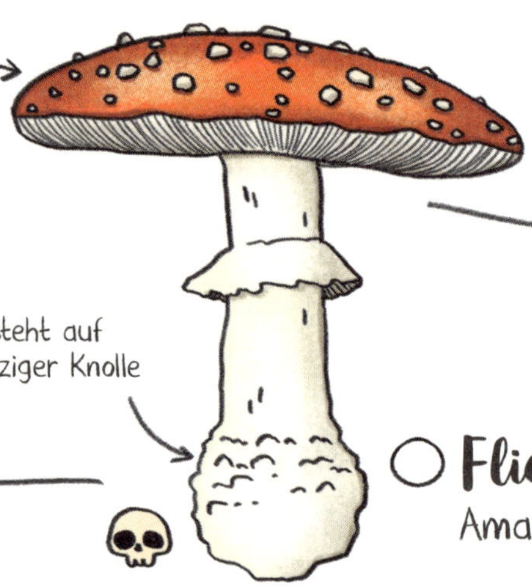

○ **Fliegenpilz**
Amanita muscaria

* Die Gesamthüllte wird VELUM UNIVERSALE, die Teilhülle VELUM PARTIALE genannt.

Bei uns in Europa kommen über 40 Arten vor.

Perlpilz

Amanita rubescens

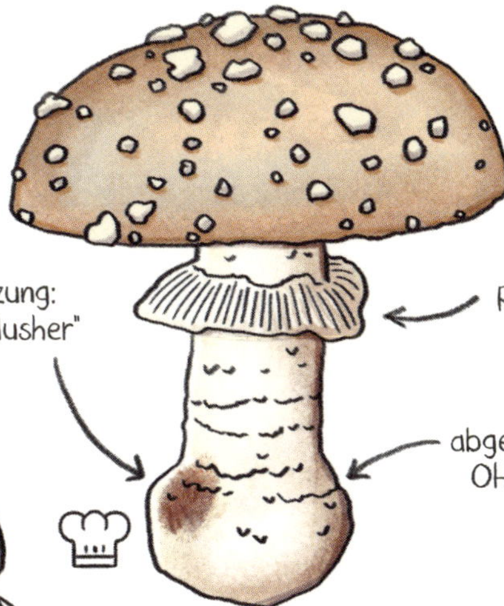

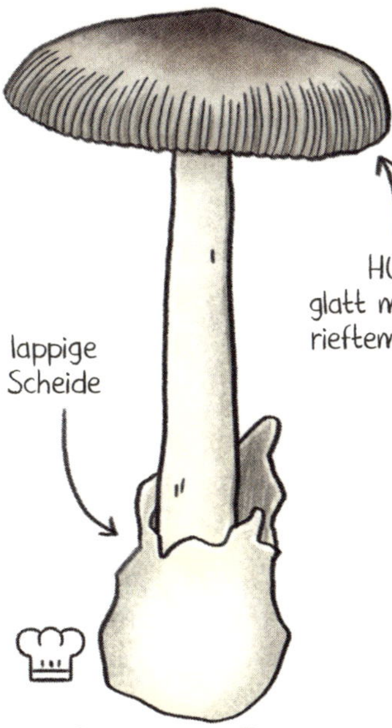

Grauer Streifling

Amanita vaginata

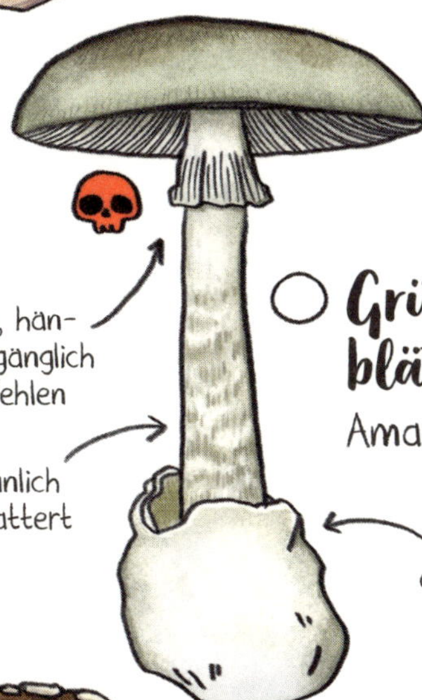

Grüner Knollenblätterpilz

Amanita phalloides

Pantherpilz

Amanita pantherina

Schirmlinge & Riesenschirmlinge erkennen

Bei uns in Europa kommen etwa 50 Arten vor.

Schirmlinge (Lepiota) und ihre Verwandten sind untereinander manchmal schwer auseinanderzuhalten. Innerhalb dieser Gruppen gibt es viele stark giftige Arten (Gift: Amatoxine, siehe Seite 60). Es lohnt sich also, zumindest den „Schirmling an sich" erkennen zu können. Sie treten im Herbst recht häufig auf. Riesenschirmlinge (Makrolepiota) kannst du auf Wiesen auch in größeren Ansammlungen finden. Im Wald habe ich sie bisher eher vereinzelt stehen sehen.

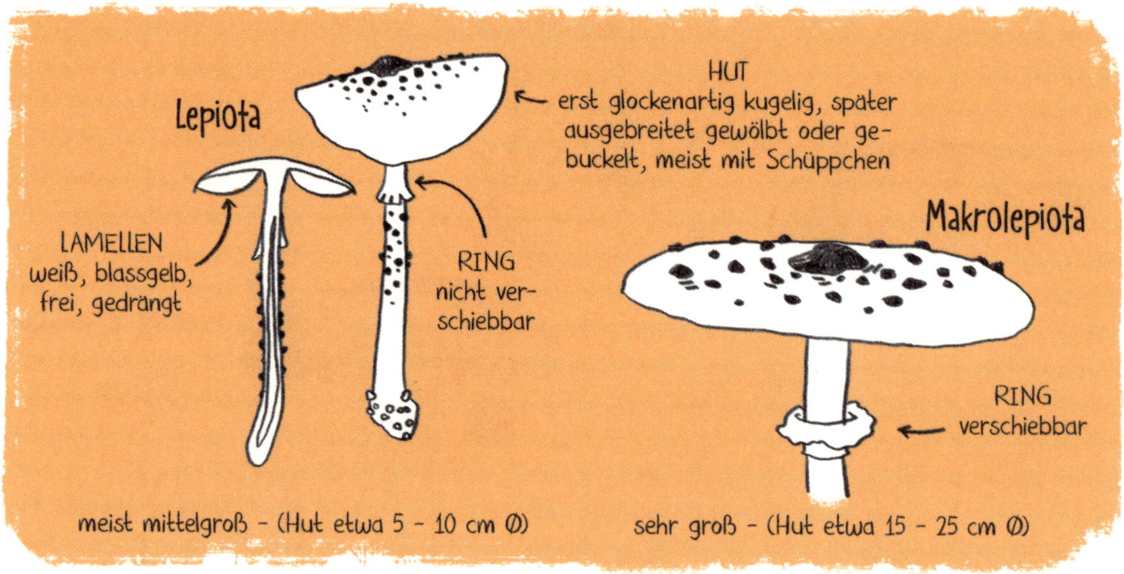

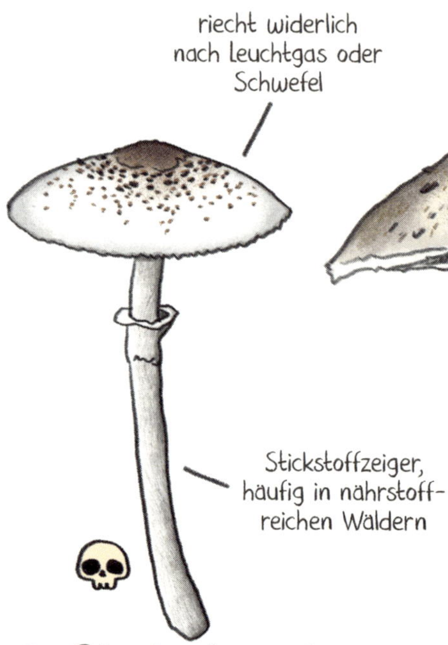

Stinkschirmling

Lepiota cristata

Gemeiner Riesenschirmling

Macrolepiota procera

So erkennst du Hallimasche [Armillaria]

Bei uns in Europa kommen etwa 7 Arten vor.

Hallimasche erscheinen im Herbst. Ist das Klima günstig, sprießen sie in riesigen Büscheln und oft massenweise aus lebendem und totem Holz hervor. In Oregon, Nordamerika, soll sich das Myzel eines einzelnen Hallimasch über eine Fläche von neun Quadratkilometern* erstrecken. Der Pilz wäre damit der größte Organismus der Welt! Im Inneren der befallenen Bäume bildet das Myzel oft derbe, netzartige Stränge aus (Rhizomorphe). Du kannst sie entdecken, wenn du vorsichtig einen Teil der Rinde entfernst. Das Myzel der Hallimasche ist biolumineszent (siehe Seite 43). Als der US-amerikanische Erfinder David Bushnell um 1775 herum sein erstes Kampf-U-Boot baute, soll er angeblich zur Beleuchtung der Instrumente mit Hallimasch durchwachsenes Material genutzt haben.

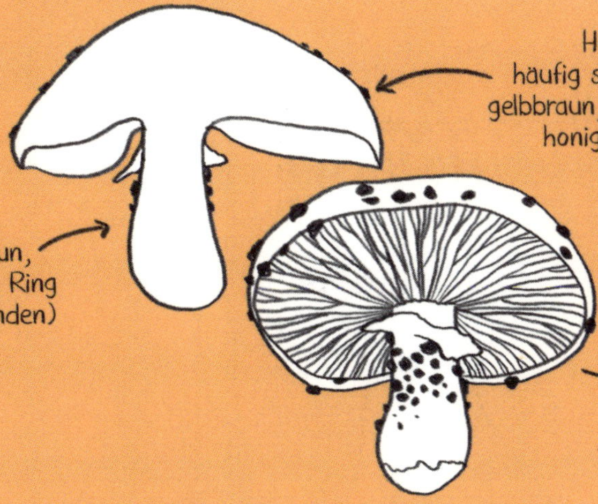

überwiegend mittelgroß – (Hut etwa 5 – 10 cm Ø)

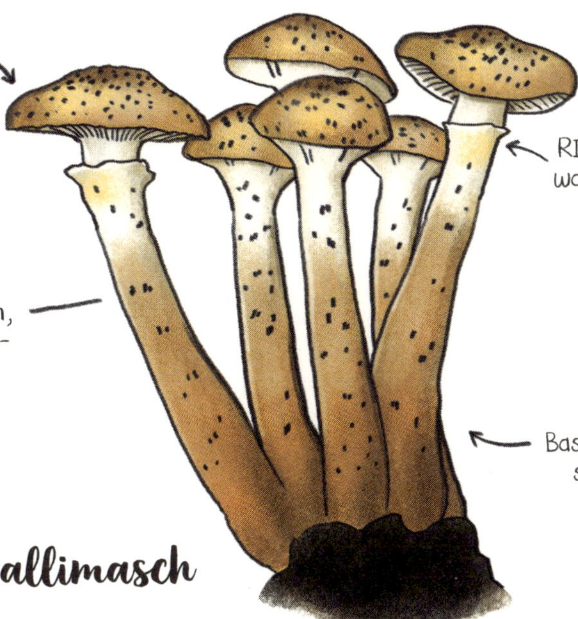

◯ Honiggelber Hallimasch

Armillaria mellea

* umgerechnet etwa 1200 Fußballfelder

So erkennst du Tintlinge [Coprinus & Co.]

Die Tintlinge - der Name lässt es schon vermuten - gehen einen Sonderweg, was die Verbreitung ihrer Sporen betrifft: Ihre Hüte lösen sich auf und bilden eine tintenartige Suppe, die die Sporen enthält. Im Gegensatz zu vielen anderen Pilzen LIEBEN manche Arten gedüngte, nährstoffreiche Standorte. Nicht selten kannst du sie direkt auf Dung sprießen sehen. Auch Wiesen in Siedlungsräumen werden gerne in Anspruch genommen. Du musst allerdings schnell sein, denn ein Tintlingsleben währt meist nicht lange, bevor er zu schwarzem Schlonz zerfließt. Genetisch wurde diese Gruppe vorläufig in mehrere Gattungen aufgeteilt. Die hier vorgestellten Arten gehören zu den Gattungen Schopftintlinge (Coprinus), Zwergtintlinge (Coprinellus) und Tintlinge (Coprinopsis).

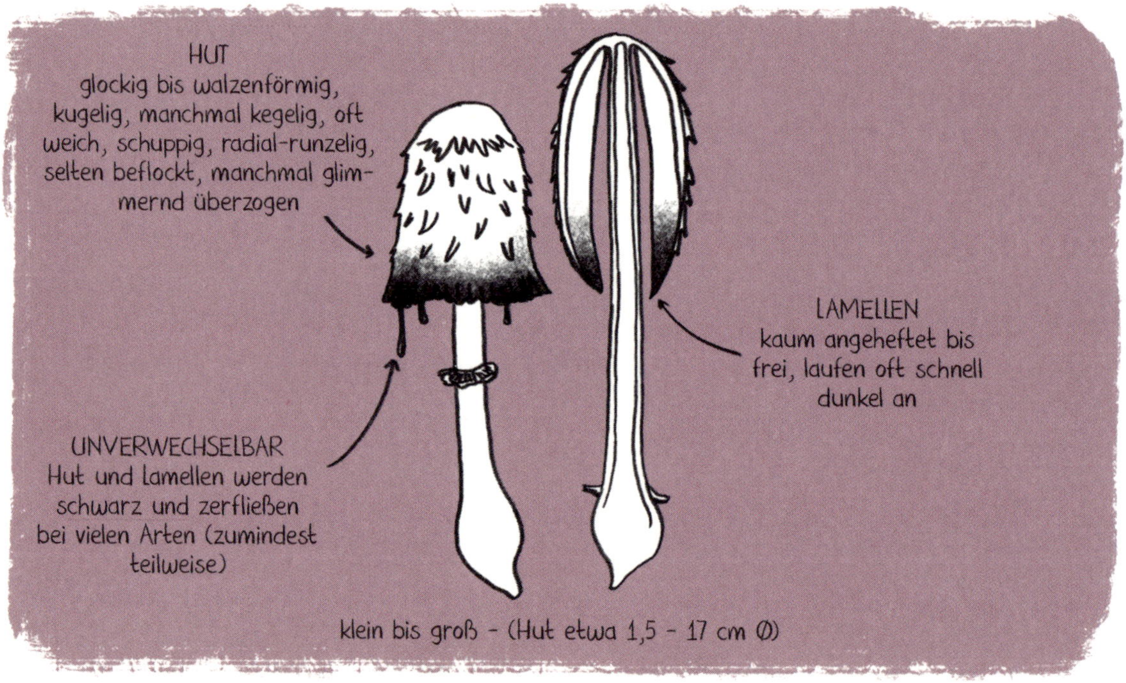

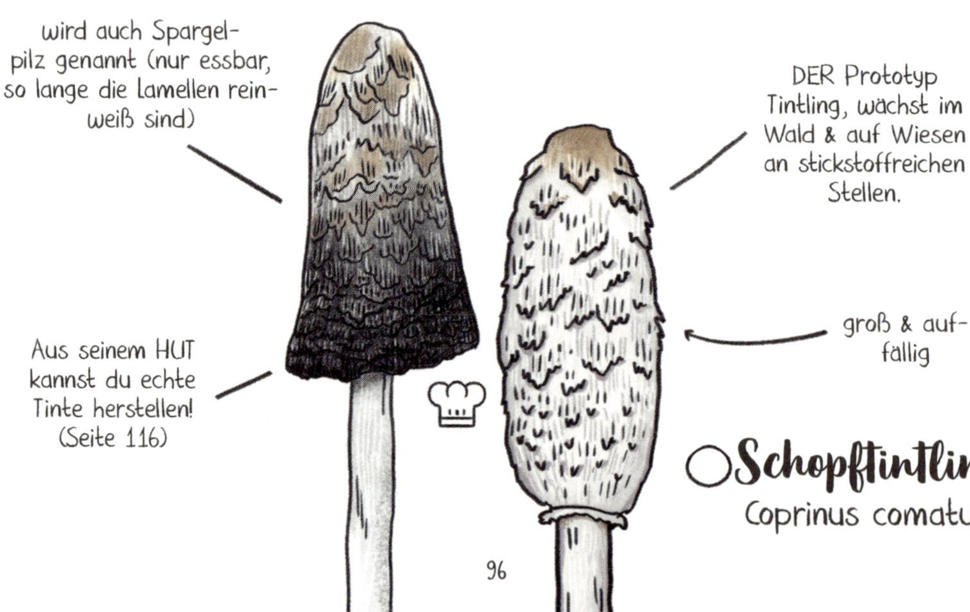

○ Schopftintling
Coprinus comatus

Bei uns in Europa kommen über 100 Arten vor.

wachsen büschelig, häufig an alten Baumstümpfen

Fancy: junge HÜTE sind oft mit glimmernden Schüppchen dekoriert, sehen dann aus wie gezuckert.

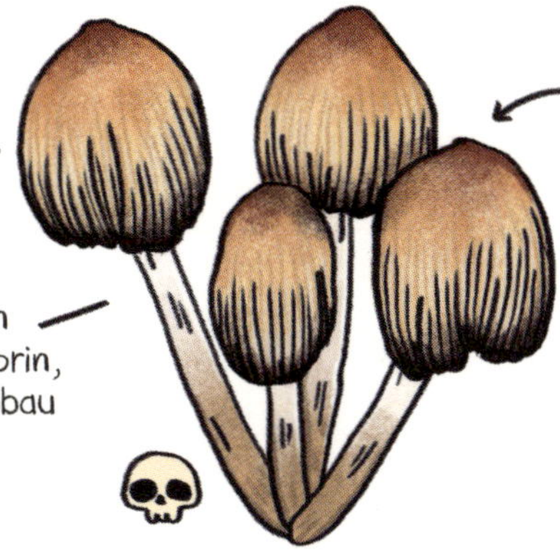

GIFTIG in Kombination mit Alkohol (Giftstoff: Coprin, verhindert den Alkoholabbau in der Leber)

○ Glimmer-Tintling

Coprinellus micaceus

so ein Hübscher, unverwechselbar

GIFTVERDÄCHTIG riecht & schmeckt aber sowieso nach muffiger Mottenkiste …

fast so groß wie der Schopf-Tintling

○ Specht-Tintling

Coprinopsis picacea

elegant graubraun

wächst gerne auf (vergrabenem) Laubholz

GIFTIG in Kombination mit Alkohol (Giftstoff: Coprin)

○ Grauer Falten-Tintling

Coprinopsis atramentaria

häufig & büschelig (oft zu Hunderten an totem Holz anzutreffen)

Farbe sehr variabel: beige, grau, graubraun

so süße Minis – und ebenfalls giftig in Kombination mit Alkohol

○ Gesäter Tintling

Coprinellus disseminatus

So erkennst du Schwefelköpfe [Hypholoma]

Bei uns in Europa kommen etwa 15 Arten vor.

Schwefelköpfe gehören zu den ersten Pilzen, die ich mir im Detail angesehen habe. Die häufigste Art in meiner Gegend ist der Grünblättrige Schwefelkopf. Ich finde diese Pilze wunderschön, wie sie in großen Mengen büschelig an toten Baumstümpfen emporwachsen und dabei nicht selten unnatürlich gelb zwischen den Bäumen hervorleuchten. Von anderen Arten lassen sie sich aufgrund ihrer Farbe ganz gut abgrenzen. Besonders die Lamellen junger Pilze lohnen hier einen zweiten Blick. Bei Tageslicht leuchten sie fast neongelb, unter UV-Licht verbreiten sie einen ganz eigenen Zauber …

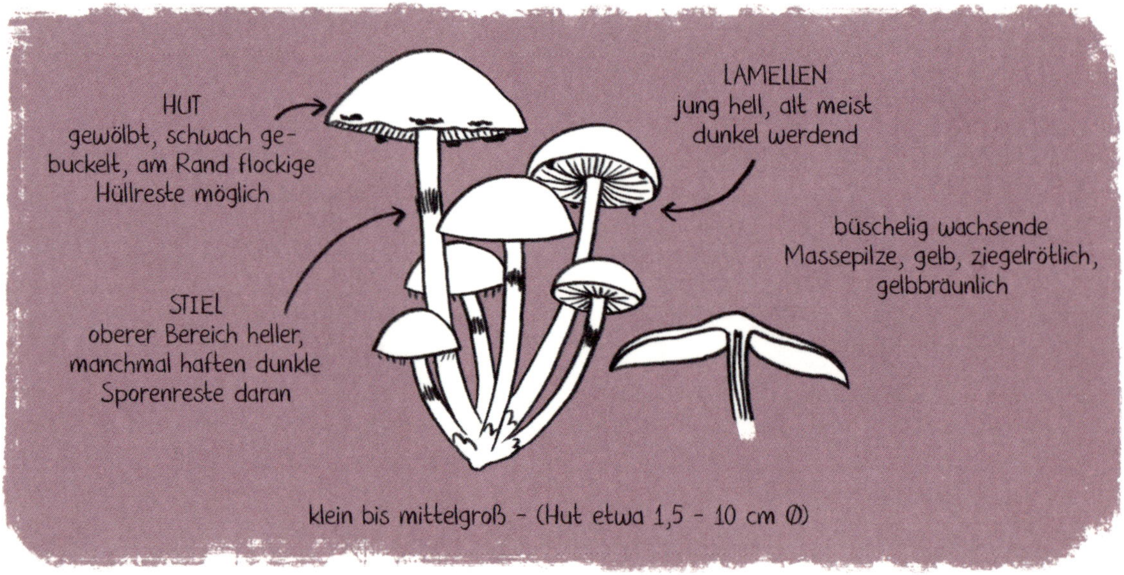

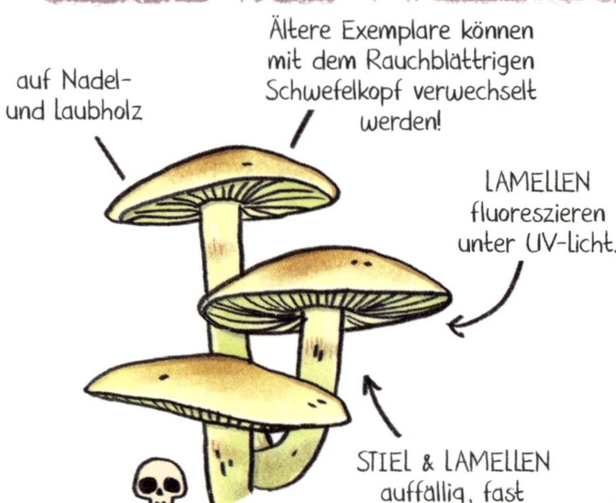

○ **Grünblättriger Schwefelkopf**

Hypholoma fasciculare

○ **Rauchblättriger Schwefelkopf**

Hypholoma capnoides

So erkennst du Schüpplinge [Pholiota]

Bei uns in Europa kommen etwa 30 Arten vor.

Noch so eine hübsche Gruppe! Viele Vertreter dieser Gattung tragen an Hut und Stiel sparrig abstehende, robuste Schuppen zur Schau. Das macht die Zuordnung einfacher. Die Schuppen können aber (war ja klar …) auch fehlen oder nur schwach ausgeprägt sein. Schüpplinge leben als Zersetzer auf totem Holz. Einige Arten treten auch an lebenden Bäume auf, die sie dann als Parasiten besiedeln. Den Sparrigen Schüppling könnte man mit dem Hallimasch (Seite 95) verwechseln. Die Sporenpulverfarbe liefert hier den entscheidenden Hinweis, denn die ist bei Hallimaschen weiß. Das Stockschwämmchen zählte früher auch zu dieser Gattung. Es gilt als guter Speisepilz, kann aber sehr leicht mit dem Gifthäubling (Seite 61) verwechselt werden.

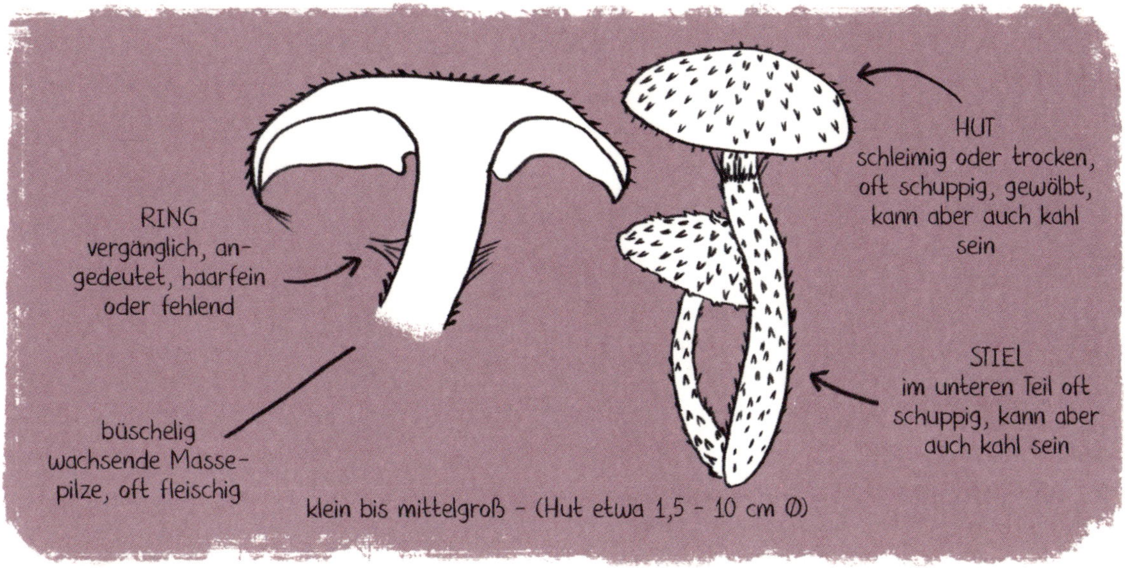

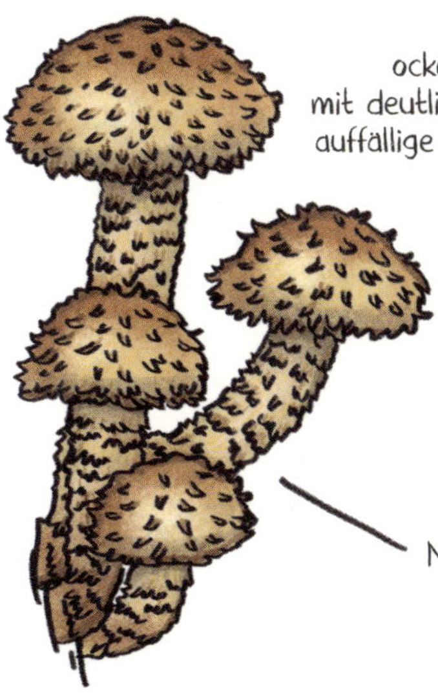

○ Sparriger Schüppling

Pholiota squarrosa

○ Gemeines Stockschwämmchen

Kuehneromyces mutabilis

* Bei Nässe gelangt Wasser zwischen die Zellen, sodass sich die Farbe verändert.

So erkennst du Kremplinge [Paxillus & Co.]

Bei uns in Europa kommen etwa 5 Arten vor.

Die Kremplinge sind eine spannende Gruppe, weil sie so ziemlich alles an Ordnung infrage stellen, was wir uns bisher mühsam erarbeitet haben. Zum einen sind sie zwar stolze Lamellenträger, sind aber enger mit den Röhrenpilzen verwandt als mit den Blätterpilzen. Aha, ok. Dann wurde die Gattung noch in Muschelkremplinge und Kremplinge aufgespalten. Deutsche Namen wie „Samtfußkrempling" erinnern noch an die alte Systematik. Wohin die Reise geht, ist ungewiss. Fest steht zumindest, dass Kremplinge (Paxillus) Baumpartnerschaften eingehen und Muschelkremplinge (Tapinella) Zersetzer sind.

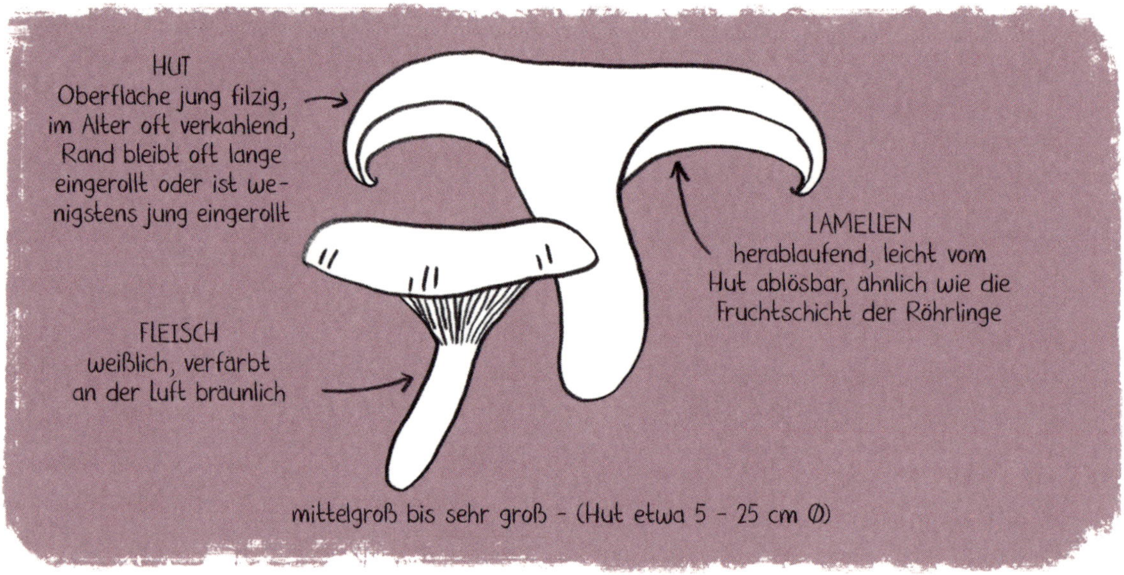

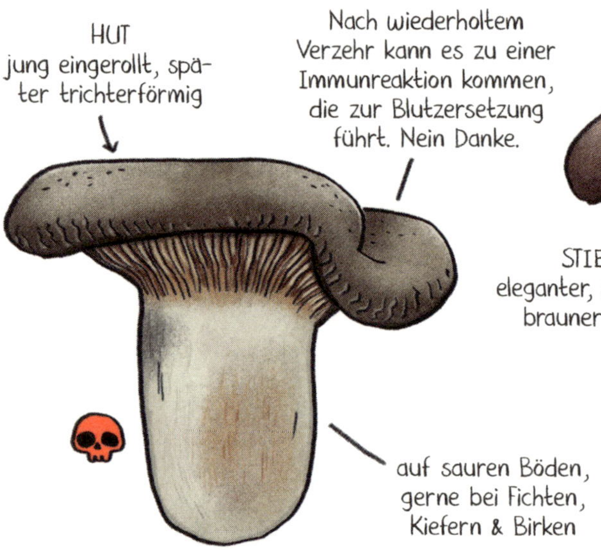

○ **Verkahlender Krempling**
Paxillus involutus

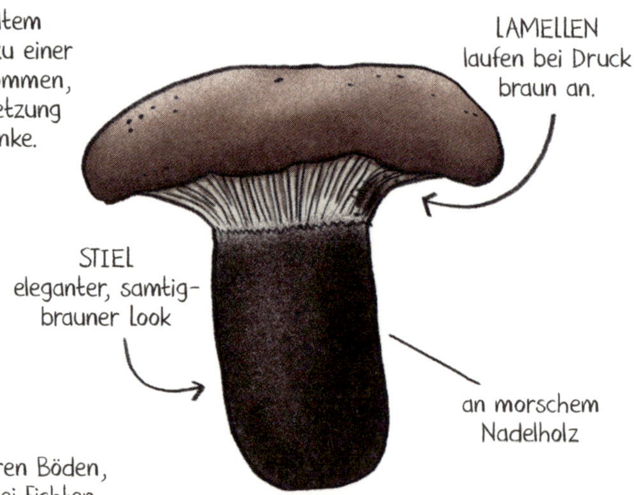

○ **Samtfuß-Krempling**
Tapinella atrotomentosa

So erkennst du Risspilze [Inocybe]

Bei uns in Europa kommen über 200 Arten vor.

Risspilze sicher zu bestimmen, ist ohne Mikroskop fast nicht möglich. Von anderen Gruppen lassen sie sich aber einigermaßen gut abgrenzen. Typisch ist meist das charakteristische, namensgebende Aufreißen der Huthaut. Viele Vertreter dieser Gruppe enthalten Muscarin und sind giftig (Seite 60). Innerhalb einiger Minuten nach dem Verzehr können erste Symptome auftreten. Die Latenzzeit (Verzögerung der Symptomatik nach Verzehr) wird mit 15 Minuten bis zu zwei Stunden angegeben. Muscarin wirkt auf das Nervensystem und verursacht unter anderem: Brachykardie (verlangsamter Herzschlag), Blutdruckabfall, Atembeschwerden, Sehstörungen, starkes Schwitzen, Erbrechen und unkontrolliertes Zittern.

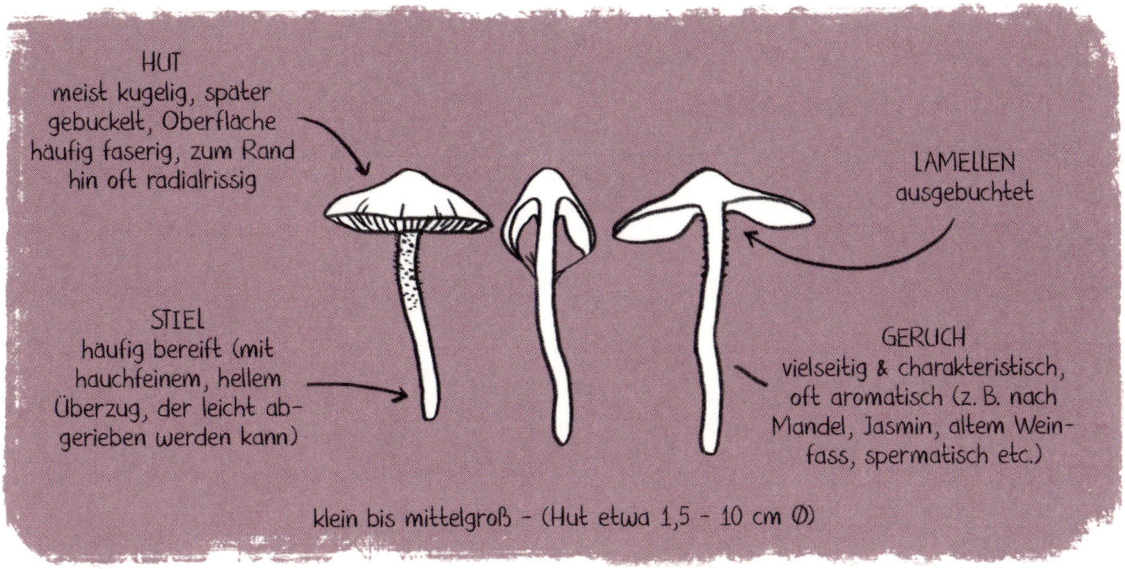

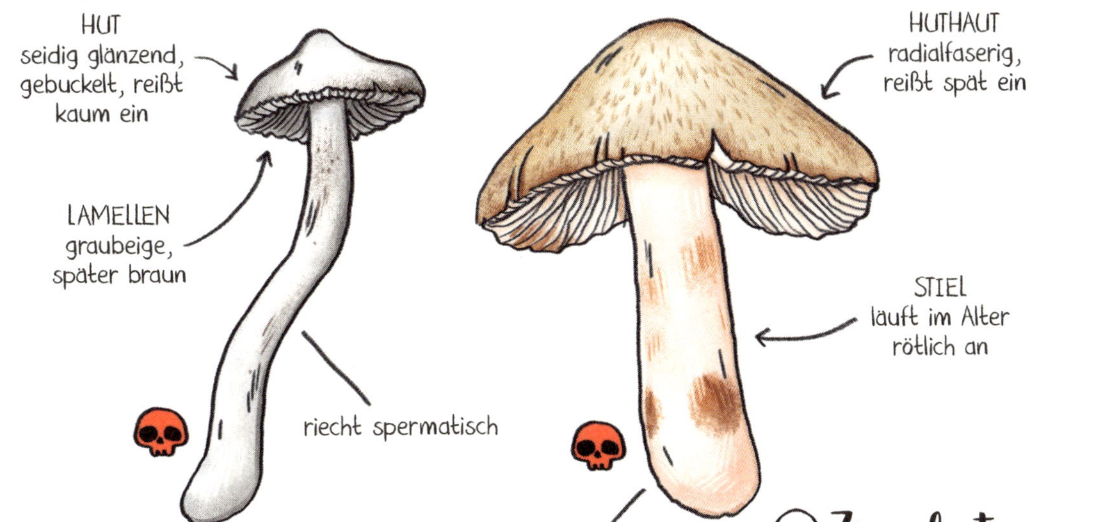

○ **Seidiger Risspilz**
Inocybe geophylla

○ **Ziegelroter Risspilz**
Inocybe erubescens

So erkennst du Schleierlinge [Cortinarius]

Die Familie der Schleierlingsverwandten ist unangenehm groß. Allein die Gattung Schleierlinge enthält sieben Untergattungen und weltweit an die 2000 bekannte Arten. Neben den eigentlichen Schleierlingen finden sich hier auch Hautköpfe, Rauköpfe, Kahlköpfe, Wasserköpfe, Dickköpfe, Schleimköpfe, Schleimfüße, Klumpfüße, Gürtelfüße und sehr wahrscheinlich habe ich noch jemanden vergessen. Das liest sich entweder wie ein Brainstorming für potenzielle Hobbitnamen oder eine Liste kreativer Beleidigungen. Tödlich giftige Arten stehen Seite an Seite mit Färbepilzen und sogar dem ein oder anderen Speisepilz. Die exakte Bestimmung ist schwierig, daher gilt bei Schleierlingen fürs Erste: schauen, staunen, stehen lassen.

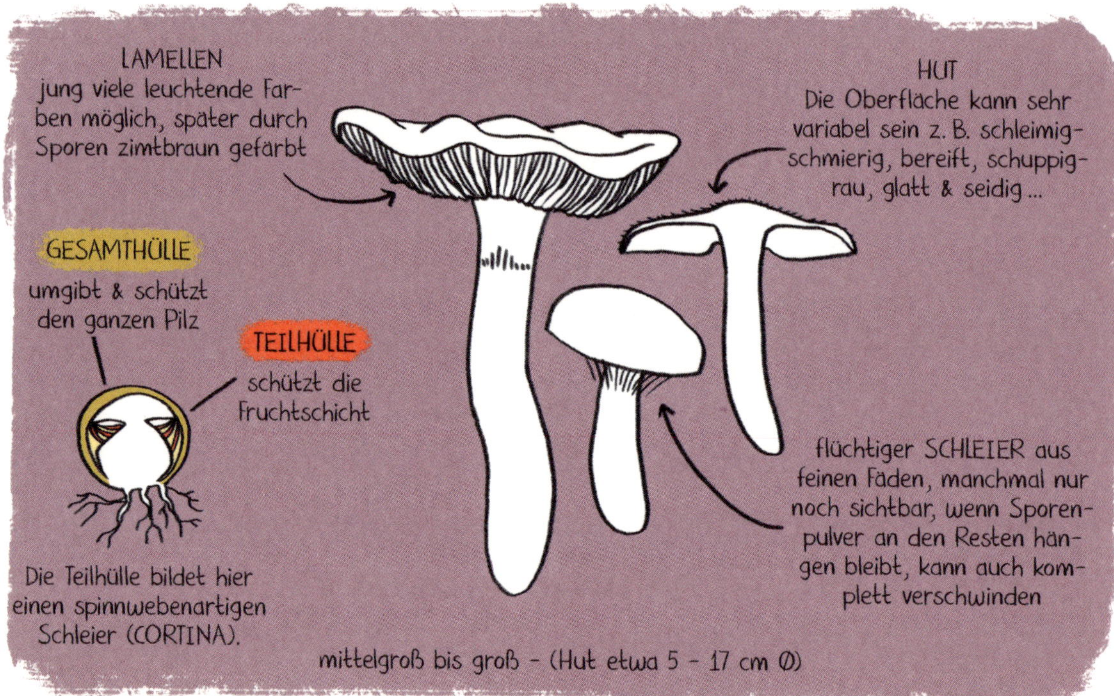

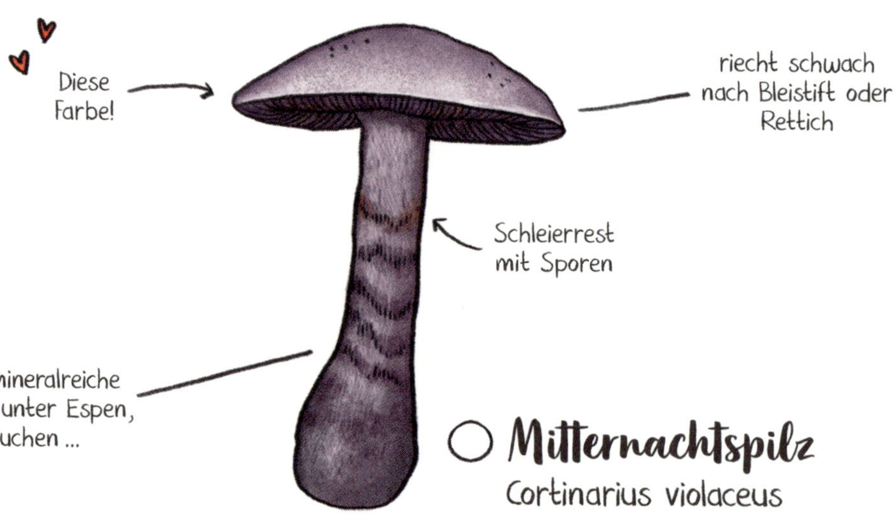

○ **Mitternachtspilz**
Cortinarius violaceus

Bei uns in Europa kommen über 500 Arten vor.

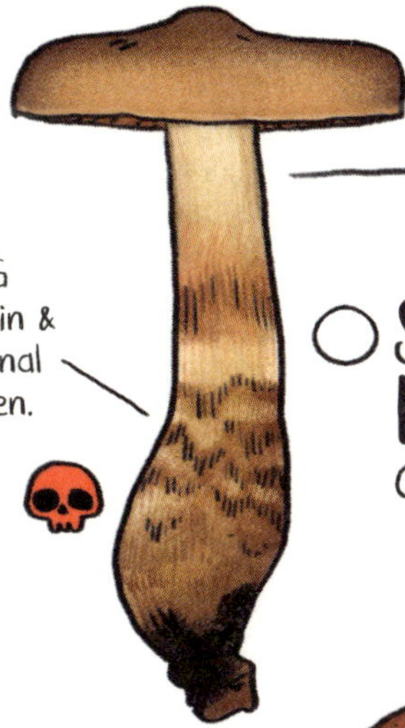

Tückische Rauköpfe: die Symptome können bis zu 21 Tage verzögert auftreten.

riecht schwach nach Rettich

mag saure Nadelwälder & Moorränder

TÖDLICH GIFTIG
Giftstoffe: Orellanin & Orellin, führen final zu Nierenversagen.

◯ Spitzgebuckelter Raukopf

Cortinarius rubellus

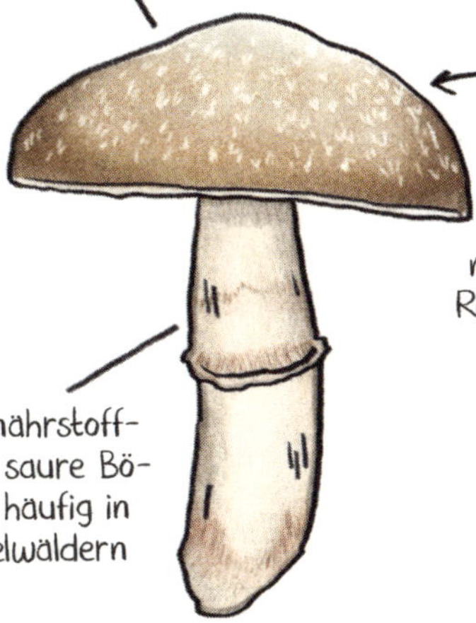

Ein seltener & wechselhafter Genosse: mal taucht er massenhaft auf, mal jahrelang gar nicht.

HUT
meist mit weißem Reifüberzug, später glatt & runzelig

mag nährstoffarme, saure Böden, häufig in Nadelwäldern

◯ Reifpilz

Cortinarius caperatus

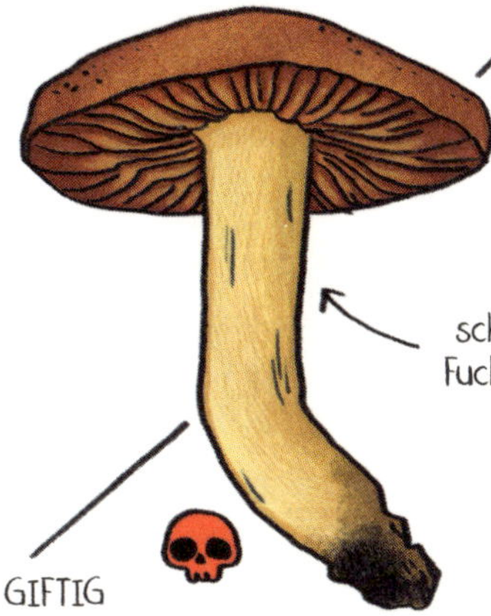

unter Eichen, Linden & Kiefern auf sauren bis neutralen Böden

umwerfend schöne Kombi aus Fuchsbraun & Goldgelb

TÖDLICH GIFTIG
Giftstoffe: Orellanin & Orellin (s.o.)

◯ Orangefuchsiger Raukopf

Cortinarius orellanus

Schau dir diese blutroten Lamellen an, zum Niederknien!

guter Färbepilz (Seite 117)

bevorzugt Kiefern- & Fichtenwälder auf sauren Böden

◯ Blutblättriger Hautkopf

Cortinarius semisanguineus

So erkennst du Leistlinge [Cantharellus & Co.]

Die Leistlinge sind eine künstliche Gruppe der Nichtblätterpilze*. Sie tragen Leisten oder leistenähnlichen Strukturen an der Hutunterseite. Hier findest du Pilze aus mehreren Ordnungen, Familien und Gattungen zusammengefasst. Wir konzentrieren uns auf die Gruppe der Pfifferlinge (Cantharellus), der Trompeten (Craterellus) und die Gattung Gomphus, die in Europa nur eine Art enthält. Viele Leistlinge sind ausgezeichnete Speisepilze. Der Echte Pfifferling dürfte der bekannteste unter ihnen sein.

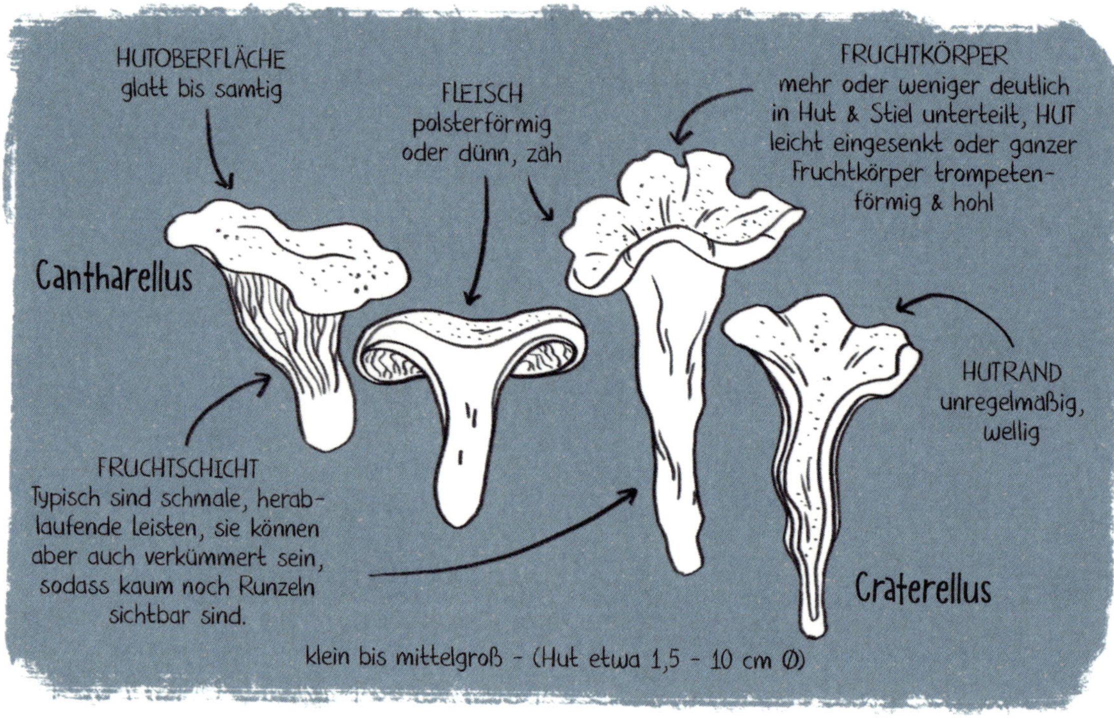

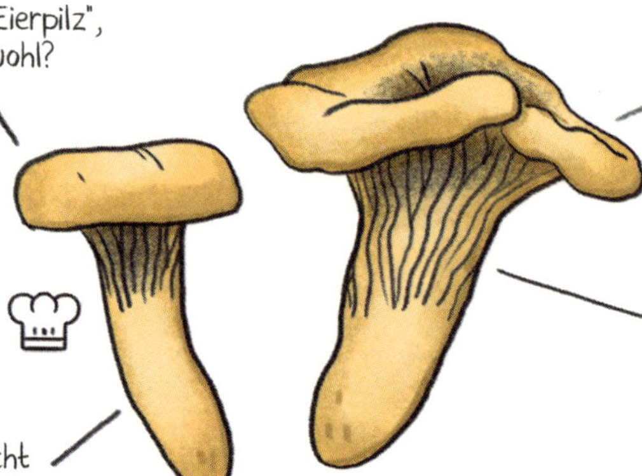

○ Echter Pfifferling

Cantharellus cibarius

* Pilze OHNE Lamellen

Bei uns in Europa kommen etwa 10 Arten vor.

FRUCHTKÖRPER elastisch & keulenförmig

streng geschützt

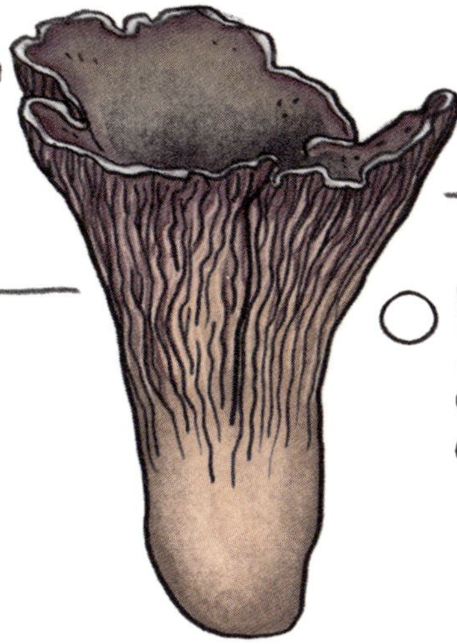

mag basische Böden & naturnahe Wälder, gerne bei Fichten & Buchen

Spitzname „Keulenpfifferling"

○ Violettes Schweinsohr

Gomphus clavatus

HABITUS wie der Echte Pfifferling, häufig mit violetten Farbtönen

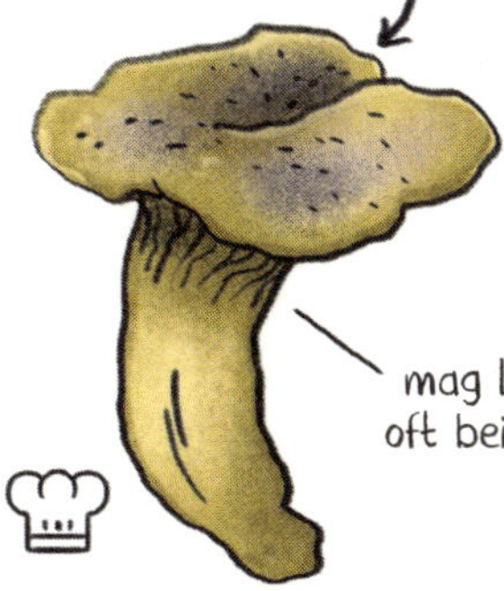

mag Laubmischwälder, oft bei Buchen & Eichen

○ Amethyst-Pfifferling

Cantharellus amethysteus

HUT eingesenkt

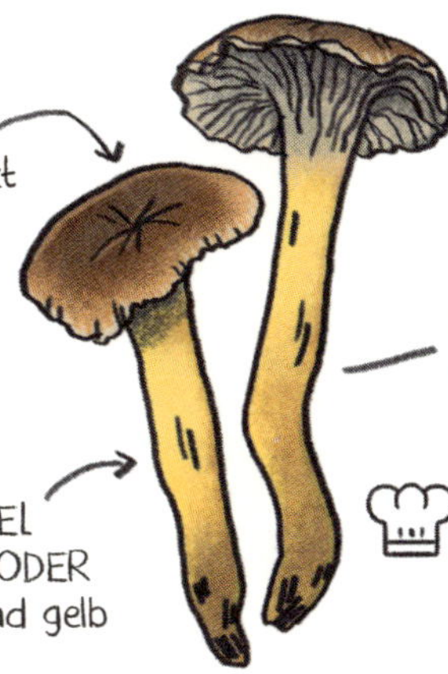

Er mag Laub- & Nadelwälder. Wenn er aufploppt, dann in Massen.

STIEL braun ODER leuchtend gelb

○ Trompetenpfifferling

Craterellus tubaeformis

Du findest ihn häufig unter Buchen auf basenreichen Böden.

HUT tief eingesenkt, wie ein Füllhorn

FRUCHTSCHICHT runzelig bis dick aderig

taucht oft eher spät im Herbst auf

○ Totentrompete

Craterellus cornucopioides

So erkennst du Stachelpilze & Co.

Bei uns in Europa kommen über 50 Arten vor.

Die Stachelpilze sind eine künstliche Gruppe. Bei ihnen weist – du ahnst es schon – die Oberfläche der Fruchtschicht mehr oder weniger ausgeprägte STACHELIGE oder GESTOPPELTE STRUKTUREN auf. Das war's dann aber auch schon mit den Ähnlichkeiten. Die Pilze in dieser Gruppe können ganz klassisch in Hut und Stiel unterteilt sein oder viele andere Formen annehmen. Stachelpilze und Stachelinge gibt es in Fächer-, Korallen- oder Trichterform. Sie können kugelig oder klumpig erscheinen, zierlich klein oder erstaunlich groß sein. Die meisten Arten bilden Baumpartnerschaften, einige wenige sind als Zersetzer unterwegs.

○ Semmelstoppelpilz

Hydnum repandum

○ Gemeiner Ohrlöffelstacheling

Auriscalpium vulgare

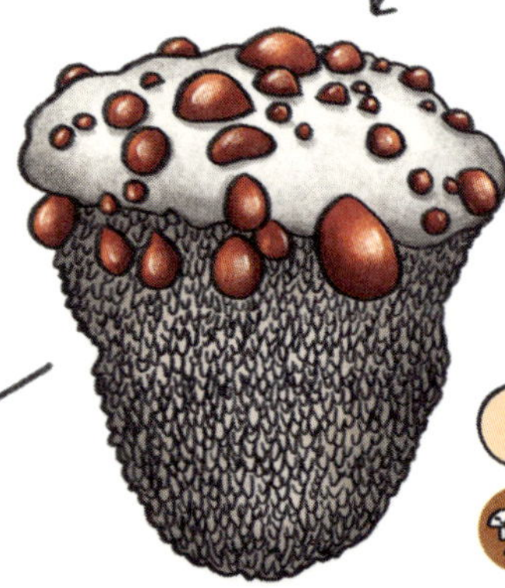

○ Scharfer Korkstacheling

Hydnellum peckii

So erkennst du Keulen & Co.

Einteilung uneinheitlich, daher verzichte ich ab hier auf Zahlen.

Auch bei den Keulen treffen wir Pilze aus vielen unterschiedlichen Ordnungen, Familien und Gattungen an. Sie eint der keulenartige Habitus, der aber auch faden- oder wurmförmig und bei manchen sogar korallig verzweigt sein kann. Und wenn wir uns auf dieser Doppelseite schon großzügig von den Resten taxonomischer Struktur verabschieden, möchte ich auch einen Vertreter der Holzkeulen hier unterbringen. Die stehen als Schlauchpilze (Seite 41) zwar an ganz anderer Stelle im Stammbaum, sind aber ebenfalls keulenförmig gebaut. Die meisten Arten sind als Zersetzer unterwegs, einige wenige gehen Baumpartnerschaften ein.

○ Klebriger Hörnling

Calocera viscosa

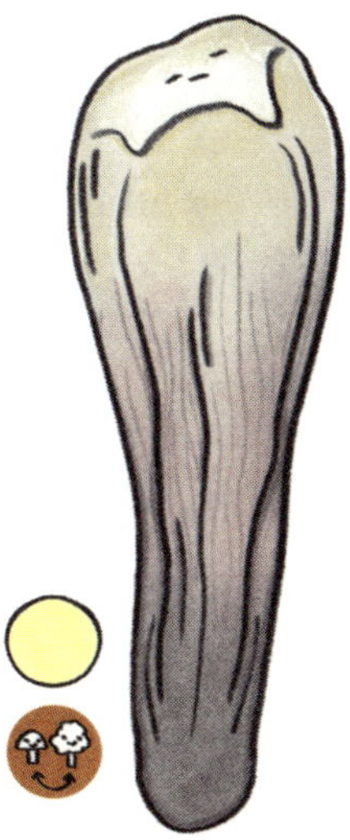

○ Herkules-Riesenkeule

Clavariadelphus pistillaris

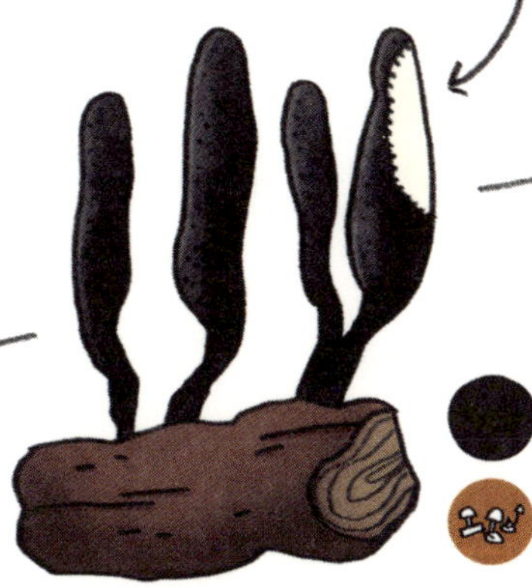

○ Langstielige Holzkeule

Xylaria longipes

So erkennst du Becherlingsartige [Pezizales]

Und wenn wir schon über Schlauchpilze sprechen, dürfen die Becherlingsartigen nicht fehlen. Zur Erinnerung: Bei Schlauchpilzen ist die Fruchtschicht glatt. Die Sporen liegen in langen Schläuchen und werden aktiv herausgeschleudert, zum Beispiel, wenn man eine Morchel oder einen Becherling sanft anstupst oder anpustet ... Die Fruchtkörper dieser Pilze sind sehr klein bis groß und in der Regel fleischig-ledrig. Sie können sehr variabel geformt sein. Farblich dominieren Braun- und Beigetöne, aber auch leuchtend gelb, rot oder blaugrün gefärbte Arten kannst du bei uns finden. Die Ordnung der Pezizales enthält viele Gruppen. Vier schauen wir uns genauer an:

Morcheln [Morchella]

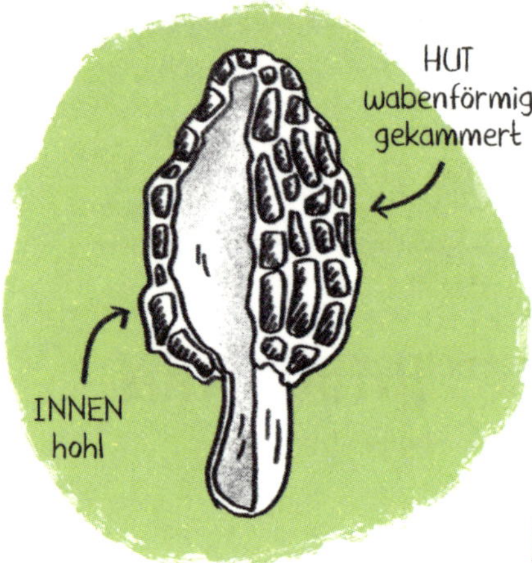

Überraschungsgast auf gemulchten Flächen

mag kalkreiche, humusreiche, aber ungedüngte Böden

○ Spitzmorchel

Morchella elata

standorttreu

Du findest sie im Auwald auf kalkhaltigen Böden, aber auch in Parks, Gärten & auf Wiesen.

○ Speisemorchel

Morchella esculenta

Echte Trüffel [Tuber]

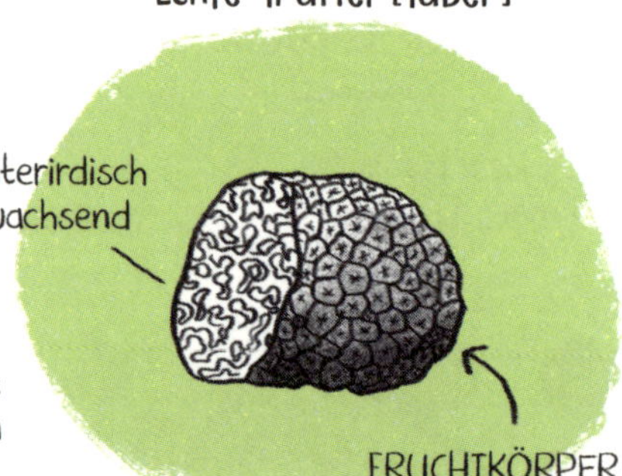

Es gibt ein Sammelverbot für die Gattung Tuber, das aber nicht unumstritten ist. Im Handel erhältliche Pilze stammen i. d. R. nicht aus Deutschland.

mag basische bis neutrale Böden, kommt in Laubwäldern, Gärten & Parks vor

○ Sommertrüffel

Tuber aestivum

Lorcheln [Gyromitra & Helvella]

TÖDLICH GIFTIG
(Gyromitrin), die Symptome ähneln denen des Grünen Knollenblätterpilzes.

Frühjahrslorchel
Gyromitra esculenta

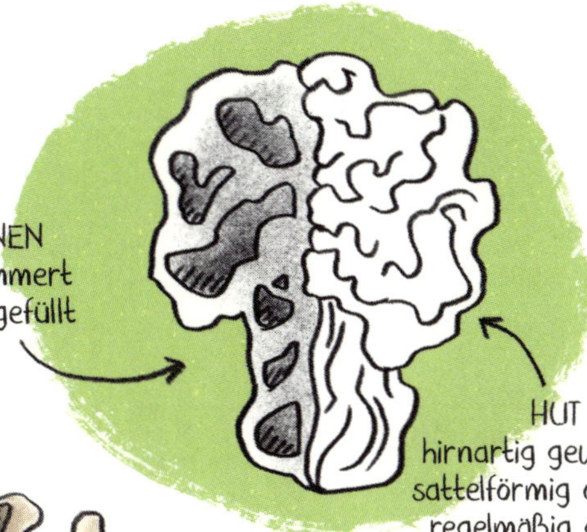

INNEN
gekammert oder gefüllt

HUT
hirnartig gewunden, sattelförmig oder unregelmäßig gelappt

Roh giftig, die Giftstoffe verflüchtigen sich beim Erhitzen. Vom Verzehr wird trotzdem abgeraten.

weit verbreiteter „Wegrandpilz"

Herbstlorchel
Helvella crispa

Becherlinge [verschiedene Gruppen]

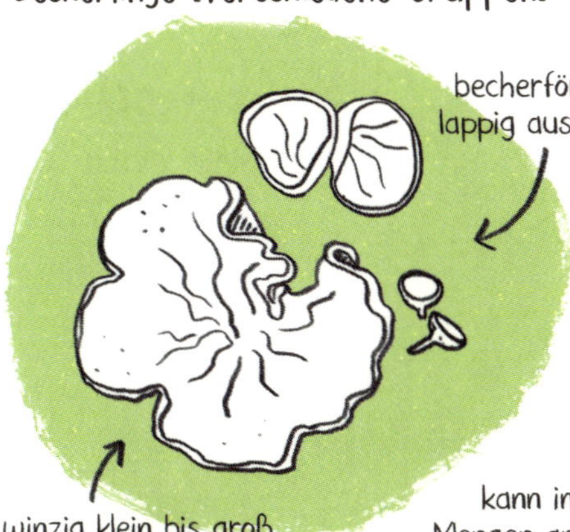

becherförmig bis lappig ausgebreitet

winzig klein bis groß
(1,5 mm - 12 cm Ø)

Sein Myzel färbt sogar das Holz grün!

wunderhübscher Winzling, 2 - 8 mm Ø

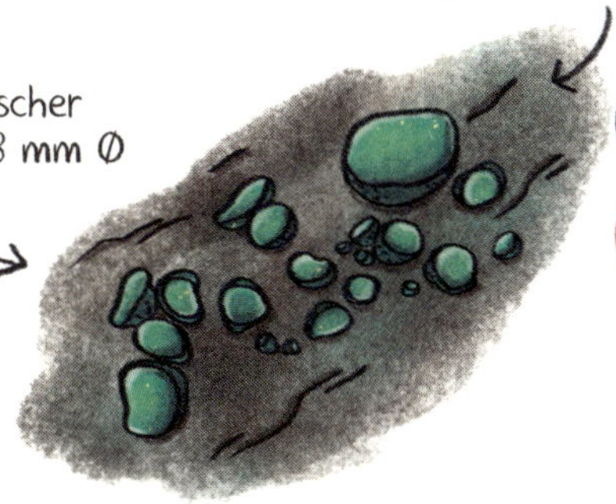

Grünspanbecherling
Chlorociboria aeruginascens

kann in großen Mengen an einem einzelnen Totholzstamm auftreten

färbt deine Finger schwarz

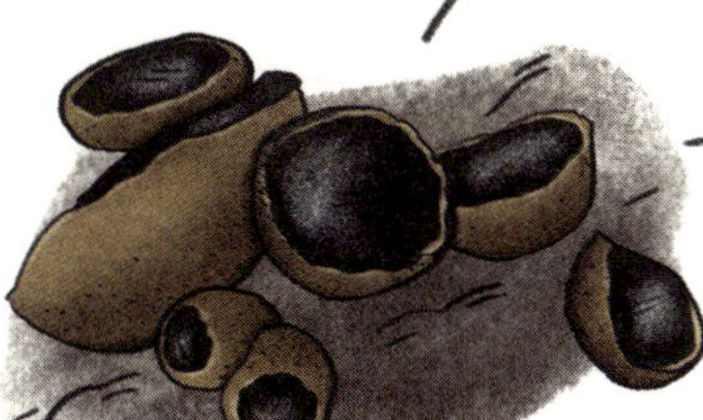

Schmutzbecherling
Bulgaria inquinans

Pilze wie aus einer anderen Welt

Jetzt sind wir schon am Ende des Artenteils angekommen und es gibt noch SO VIELE wunderbare Gruppen und Arten, die ich nicht vorstellen konnte. Als kleine Wiedergutmachung widme ich die verbleibenden Seiten ausgewählten absonderlichen Pilzkuriositäten, die du auf jeden Fall einmal gesehen haben solltest - und sei es nur zwischen den Deckeln eines kurzweiligen Pilzschmökers. Wir wissen ja: Ist dein Bewusstsein einmal geschärft und dein Pilzsinn eingestellt, steigen auch deine Chancen, diesen Pilzen in freier Wildbahn zu begegnen, also Bühne frei!

mag Laubwald, fühlt sich auf Totholz, Stümpfen, Stämmen & vergrabenen Zweigen wohl

FRUCHTKÖRPER ist auffällig & wunderschön. Wann hat man schon mal die Gelegenheit, Korallen im Wald zu begegnen?

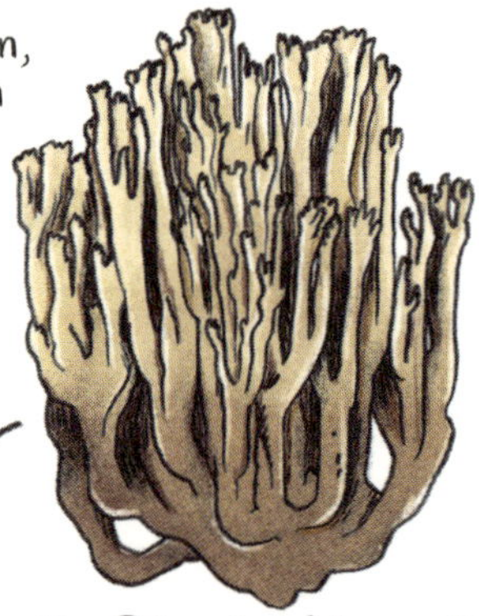

soll säuerlich & schwach nach Anis riechen

◯ Steife Koralle
Ramaria stricta

gallertig, gummiartig

Sieht auf den ersten Blick vielleicht aus wie ein Trompetenpfifferling, aber es fehlen die Leisten!

in Laub- & Nadelwäldern, mag nährstoffarme Böden

◯ Gallertkäppchen
Leotia lubrica

FRUCHTKÖRPER
Die Form ist namensgebend. Judasohren können Trockenphasen überstehen & quellen bei Feuchtigkeit wieder auf.

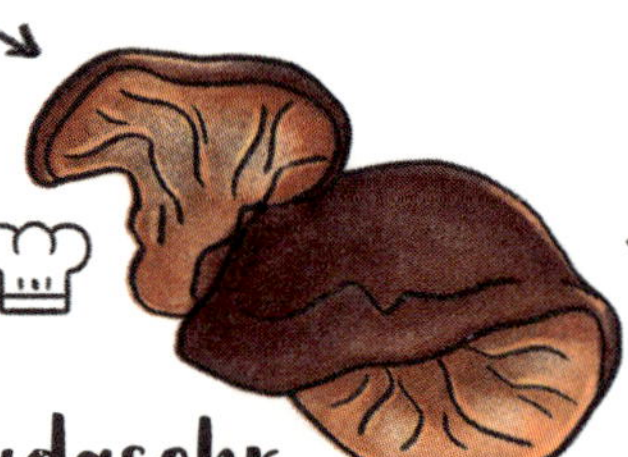

vielen besser bekannt als Mu-Err, ein beliebter Speisepilz

Er soll u. a. den Cholesterinspiegel senken & Entzündungen hemmen können.

◯ Judasohr
Auricularia auricula-judae

Insekten finden den Aasgeruch der Stinkmorchel unwiderstehlich & verbreiten so die Sporen, Win-Win.

Die Stinkmorchel bricht recht alien-like aus einem runden HEXENEI hervor.

○ Stinkmorchel

Phallus impudicus

schrumpft bei Trockenheit ein & quillt bei ausreichend Feuchtigkeit wieder auf

duftet leicht fruchtig

erinnert an Wackelpudding

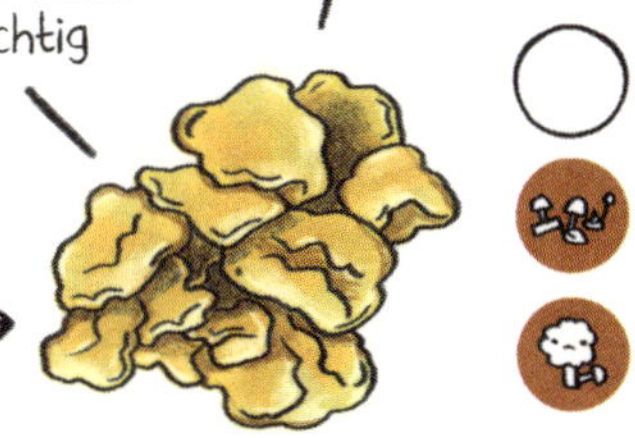

○ Goldgelber Zitterling

Tremella mesenterica

bevorzugt Nadelwälder & basenreiche Böden

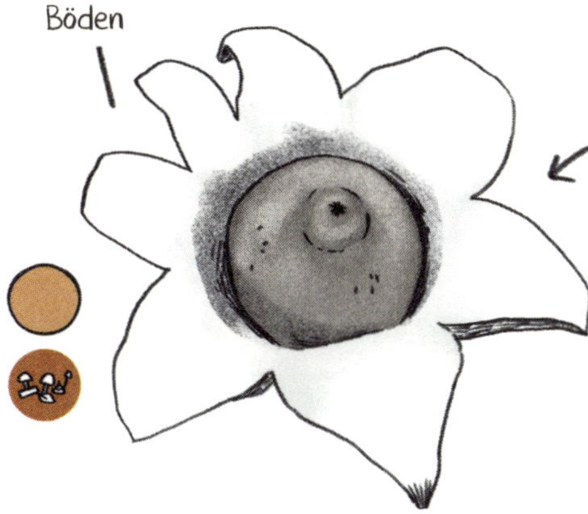

FRUCHTKÖRPER quasi ein Stäubling mit Stola, very extravagant

○ Gewimperter Erdstern

Geastrum fimbriatum

schlüpft aus einem Hexenei

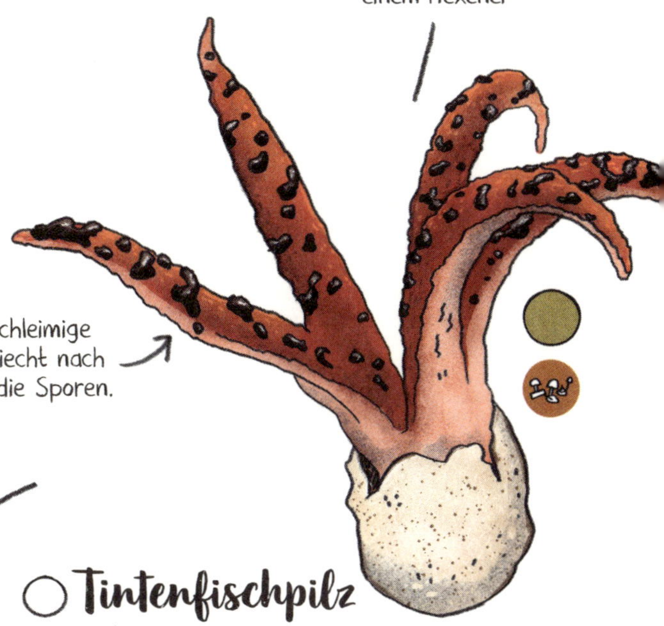

Die dunkle, schleimige Fruchtmasse riecht nach Aas & enthält die Sporen.

Der leuchtend rote, gesellige Pilz kam um 1900 aus Australien zu uns und scheint sich hier überaus wohl zu fühlen. Er taucht nicht selten truppweise auf, mag Wiesen & Weiden, aber auch Parks, Gärten sowie Friedhöfe.

○ Tintenfischpilz

Clathrus archeri

Ein Pilz mit Generationswechsel: Die HAUPFRUCHTFORM bildet winzig kleine Becherchen aus & pflanzt sich sexuell fort.

NEBENFRUCHTFORM bildet hier einen typischen ringförmigen Pilzrasen aus Konidienträgern. (Koni... was?! siehe Seite 40)

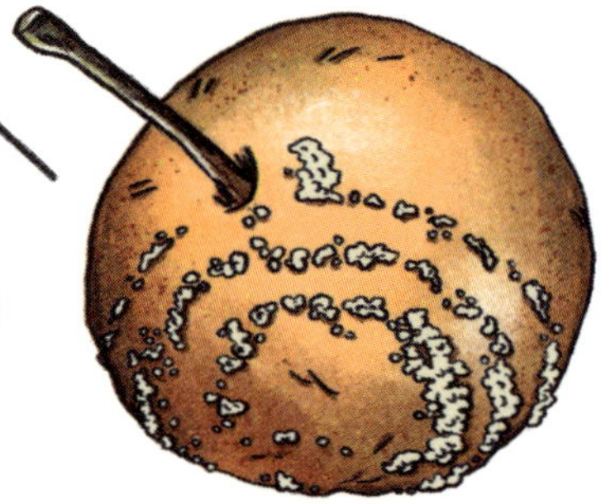

Monilinia-Arten verursachen Pflanzenkrankheiten wie Fruchtfäule und Spitzendürre.

Fruchtfäule
Monilinia fructigena

kein echter Pilz, sondern ein Schleimpilz*, aber so ein schöner

FRUCHTKÖRPER erst leuchtend lachsrosa & cremig gefüllt, später braun

Blutmilchpilz
Lycogala epidendrum

Die linsenförmigen Sporenpäckchen (Peridiolen) werden z. B. durch einfallende Regentropfen herausgeschleudert, so smart!

Sehr kleine braune Becherchen, die an Vogelnester erinnern.

Gestreifter Teuerling
Cyathus striatus

auf Wiesen & Weiden

Nomen est omen: Der FRUCHTKÖRPER kann gigantische Ausmaße annehmen und bis zu 7 Billionen Sporen freisetzen!

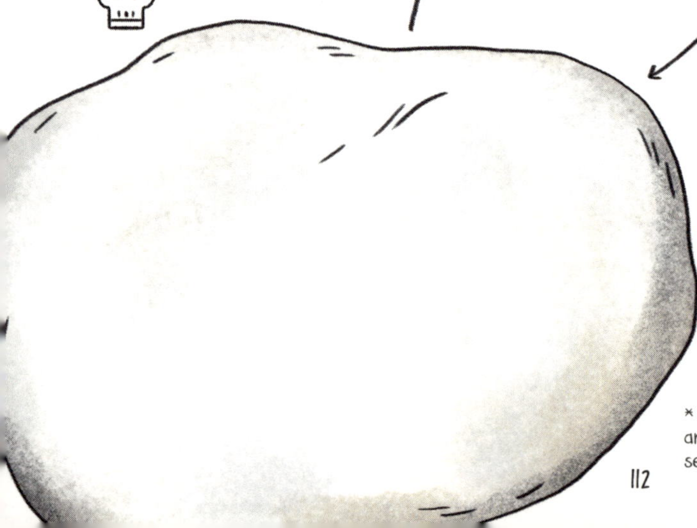

Boviste sind „Puffpilze": bei Reife reißt die Haut auf und die Sporen puffen hervor.

Riesenbovist
Calvatia gigantea

* Schleimpilze (Myxomycetes) sind eine eigene Gruppe amöbenartiger Einzeller. Sie haben ein freibewegliches Stadium und ein sessiles Fortpflanzungsstadium, das an Pilzfruchtkörper erinnert.

FRUCHTKÖRPER ist knollig-kugelig mit dicker Hülle (Peridie), die bei Reife aufreißt.

Er kann jung mit essbaren Stäublingen verwechselt werden, verursacht aber heftige Verdauungsstörungen.

SPORENMASSE riecht metallisch, gummiartig

liebt saure, sandige Böden

○ Dickschaliger Kartoffelbovist

Scleroderma citrinum

FLECHTEN* sind eine Zweck-WG aus Pilz & Alge. Gemeinsam überleben sie unter extremen Bedingungen.

Der Pilz unterdrückt die sexuelle Vermehrung der Algen & wäre ohne sie nicht überlebensfähig. Die Alge könnte auch ohne Pilz überleben, allerdings nicht an den gemeinsam erschlossenen Standorten.

○ Gewöhnliche Gelbflechte

Xanthoria parietina

löst in befallenen Pflanzenteilen tumorartiges Wachstum aus

gilt jung in Teilen Mexicos als Delikatesse & heißt dort Huitlacoche

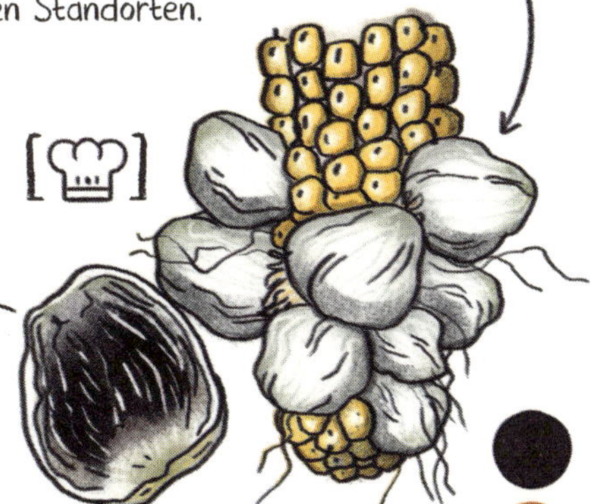

○ Maisbeulenbrand

Ustilago maydis

Der FRUCHTKÖRPER erinnert an gekochte Nudeln, kann gut und gerne auf 40 cm Durchmesser heranwachsen.

Parasit an Kiefern (selten an Douglasien oder Lärchen)

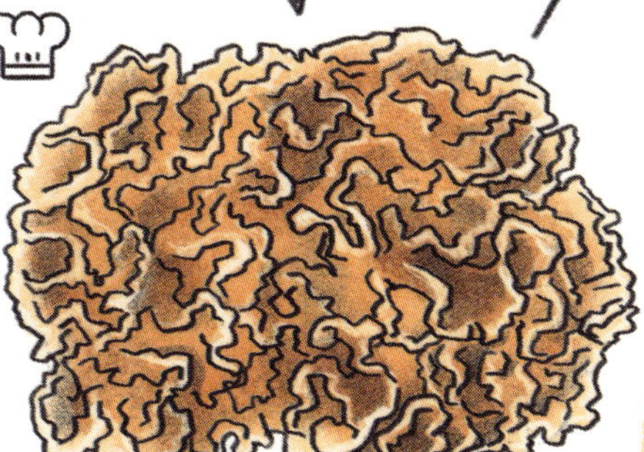

definitiv der Pilz mit den coolsten Trivialnamen: Fette Henne, Bärentatze, Feisterling, Pilzkönig, Bumenkohlpilz, Bärenschädel, Echtes Holzhuhn ...

○ Krause Glucke

Sparassis crispa

Auch wenn wir an dieser Stelle mit der Artenvorstellung aufhören müssen, hält die Welt der Pilze noch so viele augenöffnende Begegnungen für alle bereit, die über die ersten Schritte hinausgehen wollen. Neugierig geworden? Ab Seite 124 findest du eine Auswahl an Bestimmungsbüchern und anderer Pilzliteratur zum Weiterschmökern.

* Auf Seite 26 hast du bereits Die Trompetenflechte (Cladonia fimbriata) kennen gelernt.

Level up!

Was du mit deinem Pilzwissen so anstellen kannst.

1. Du kennst die wichtigsten Grundregeln im Umgang mit Pilzen in der freien Natur.

2. Du kannst einschätzen, welche Ausrüstungsgegenstände du WIRKLICH brauchst, wie du sie auswählst und wofür du sie benutzen kannst.

3. Du weißt, wann und wo du am besten nach Pilzen Ausschau halten kannst.

4. Du kennst die wichtigsten Bestimmungsmerkmale und Eigenschaften, die dir helfen können, einen Pilzfund besser einzuordnen.

5. Du verstehst, was Pilze zum Leben brauchen und welche wichtige Rolle sie in der Natur ebenso wie für uns Menschen spielen.

Höchste Zeit also, raus zu gehen und deine ersten eigenen Beobachtungen zu machen. Schnapp dir, was du unbedingt brauchst, und dann ab in die Pilze!

Je häufiger du in der Natur unterwegs bist, desto VERBUNDENER wirst du dich ihr fühlen. Das tut tatsächlich einfach gut. Es macht Spaß und entspannt. Und es ist wichtig, denn Pilze brauchen uns und wir brauchen sie. So einfach ist das. Und so kompliziert.

Sechs kreative Pilzideen

Da unsere Menschheitsgeschichte so eng mit der der Pilze verwoben ist, überrascht es nicht, dass wir uns das Reich der Pilze auch auf gestalterischen Wegen erschlossen haben. Kreativität ist für mich eine der schönsten Fähigkeiten, die wir Menschen kultiviert haben. Pilze sind dabei Inspiration, Rohstoff und Mitgestalter einer Welt, die immer ein bisschen schöner und bestaunenswerter ist, als es auf den ersten Blick scheint. Hier findest du sechs Vorschläge, wie du dich Pilzen von einer kreativen Seite nähern kannst:

1. Tintlingstinte herstellen

Aus Schopftintlingen kannst du easy-peasy Zeichentusche herstellen. Lege einfach einen Pilz in ein Glas und warte ein paar Tage. Hat sich der Tintling verflüssigt, kannst du die restlichen Stückchen absieben - fertig ist deine Tintlingstinte! Mit ein paar Tropfen Nelkenöl machst du sie haltbar. Ist dir die Tinte zu wässrig, dicke sie mit Gummiarabicum aus der Apotheke ein.

2. Trametenschmuck

Schmetterlingstrameten kannst du leicht zu Hause trocknen: Es reicht aus, sie einfach ein paar Tage auf die Heizung zu legen. Einmal getrocknet, sind sie fest und lange haltbar. Jetzt kannst du sie als Schmuckanhänger für Ketten und Schlüsselringe benutzen. Oder vielleicht hast du eine noch viel bessere Idee?

Je nach Pilzart variiert die Papierfarbe!

3. Selbst geschöpftes Pilzpapier

Papier aus Pflanzenfasern kennen wir, aber wusstest du, dass du aus Pilzen ebenso einfach Papier schöpfen kannst? Am besten funktioniert das, wenn du die Pilze zerkleinerst und etwas auskochst. Im Mixer stellst du dann aus Pilzen und Wasser eine breiige Masse her, die du dann genauso wie beim Schöpfen mit Pflanzenfasern weiterverarbeitest.

4. Pilzkunst – Kunst am Pilz

Der Flache Lackporling (Ganoderma applanatum) wird auch Malerpilz genannt, weil du auf seiner Unterseite genau das tun kannst! Die hellen Poren verfärben sich bei Druck braun, und Eingeritztes bleibt erhalten. Probier es gerne aus. Der Pilz freut sich allerdings auch, wenn er danach in der freien Natur weiter ausporen kann.

5. Schnitzen mit Giraffenholz

Egal ob Löffel, Knöpfe, Schüsseln oder Schmuckanhänger, aus GIRAFFENHOLZ kannst du ganz famose Einzelstücke fertigen, denn die darin werkelnden Pilze werten das Holz nicht nur optisch auf, sie machen es auch gleichzeitig weicher. So lässt es sich besser bearbeiten.

6. Mit Pilzen färben

Aus vielen Pilzen lassen sich Farbstoffe extrahieren. Meist reicht es aus, die kleingeschnittenen Pilze mit etwas Wasser auszukochen. Die so gewonnene Farblösung kannst du zu Malfarbe weiterverarbeiten oder damit tierische Fasern wie Wolle oder Seide färben. Auf der Seite der DGfM kannst du einen Leitfaden zum Färben mit Pilzen herunterladen. Es gibt auch viele tolle Bücher zu dem Thema. Oder du lässt dich online inspirieren zum Beispiel auf www.kreativpinsel.de oder www.myko-kitchen.de.

* Was war das nochmal? Schau auf Seite 39 nach.

Heimlich, still und leise ...

Alle Kreisläufe in der Natur sind fein aufeinander abgestimmt, Lebewesen millionenfach miteinander verknüpft. In diesem sorgsam gewebten Netz des Lebens nehmen Pilze viele wichtige Schlüsselpositionen ein, erinnerst du dich? Für dich und mich sind sie ein Geschenk, eine Einladung, einzutauchen und besser zu verstehen, wie die Natur um uns herum tickt, wie wir besser MIT ihr leben können. Aber wir machen es den Pilzen (und – nebenbei bemerkt – auch all unseren anderen Mitlebewesen) zunehmend schwer:

Pilzschutz ist Lebensraumschutz. An der Umsetzung hapert es aus unterschiedlichen Gründen noch (Überkonsum und Neoliberalismus im Spätkapitalismus, dies, das). Als Einzelpersonen kommen wir leider auch nicht weit. Aber wir können uns schlau machen und öffentlichen Druck aufbauen. Biodiversitätsschutz funktioniert dann am besten, wenn auf allen Ebenen – ganz besonders in der Politik – ernsthaft daran gearbeitet wird.

Kennen, schätzen, schützen

Letzten Endes sind auch wir Menschen nur ein Teil dieser verwobenen Welt. Unser Überleben funktioniert nicht abseits der Natur, sondern einzig und alleine dort, wo wir bereit sind, Verantwortung zu übernehmen.

Weder in meinem Biologiestudium noch in der Schule haben Pilze eine nennenswerte Rolle gespielt. Dabei sind sie so eine wichtige Organismengruppe. Ich wünsche mir, dass möglichst viele Menschen sie kennenlernen, damit sie geschätzt und auch geschützt werden können, so, wie sie es verdienen. Glücklicherweise tut sich in diesem Bereich – wenn auch bislang außerhalb der klassischen Bildungseinrichtungen – gerade einiges …

So wirst du Artenkenner*in
Ein Vorschlag aus der Bildungsforschung

Wenn du dieses Buch bis zum Ende durchgelesen hast, hast du schon eine Menge Hürden zu besserer Artenkenntnis genommen. Du hast gelernt, welche Merkmale bei der Beobachtung wichtig sind. Du weißt mehr über die Biologie und Ökologie der Pilze. Du kennst verschiedene Lebensräume, Zeigerpflanzen und Mykorrhiza-Partner. Du konntest über 110 Arten anhand ihrer Steckbriefe und Fun Facts kennenlernen. Bestimmt warst du zwischenzeitlich auch draußen unterwegs, mit frischem Pilzblick, konntest vielleicht sogar ein paar der vorgestellten Arten entdecken und abhaken. Im Idealfall bist du also mit ausreichend Grundwissen, Motivation und Neugierde rausgegangen um „deine" Pilze zu finden. Nach neuesten Erkenntnissen* aus der Bildungsforschung ist genau das ein GUTER WEG, um sich schnell und nachhaltig Artenkenntnis anzueignen. Das hört man doch gerne!

Die ersten Schritte:

1. ERSTBEGEGNUNG
UM WEN GEHT'S HIER?

z. B. durch verschiedene Medien (Bücher, Videos, Kurse ...) vermittelt

2. MERKMALE KENNENLERNEN
WO MUSS ICH HINSCHAUEN?

z. B. durch Nutzung unterschiedlicher Bestimmungshilfen, Anfertigen von Steckbriefen ...

3. ÜBUNGSPHASE
WIE WENDE ICH WISSEN AN?

z. B. durch Spiele, Zuordnungsübungen, konkrete Beobachtungs- und Arbeitsaufträge ...

4. ERFOLGSKONTROLLE
WO STEHE ICH GERADE?

z. B. durch Nutzung von selbstkorrigierenden Tools, über Challenges, Ranglisten, Online-Quizzes ...

* Thomas Gerl „Arten- und Formenkenntnis [...]", siehe S. 124

Natur erkennen, entdecken, erforschen, erleben

Und was dann? Der Spaß fängt gerade erst an, denn es gibt viele Angebote, die nach ähnlichen Standards aufgebaut sind. Du hast Bock auf mehr? Dann besuche Onlinekurse, nutze Apps, Games und Datenbanken, suche dir kleine Challenges oder gezielte Beobachtungsaufträge. Du liebst Podcasts? Super! Kennst du schon BUGTALES und NATUR 2.0? Werde Teil einer Community, erforsche beim Nature Journaling die ästhetische Seite der Natur, abonniere einen Newsletter (Herzensempfehlung an dieser Stelle: SCHREIBERS NATURARIUM von Jasmin Schreiber), entdecke deine kulinarische Seite oder, oder, oder. Das geht wunderbar vor Ort bei naturkundlichen Vereinen, Museen oder der Pilzsachverständigen deines Vertrauens, aber natürlich auch digital ...

BISA
BIODIVERSITÄT IM SCHULALLTAG

Webseite
kostenlos & interaktiv
für Schüler*innen
bietet Ressourcen & Lehrmittel

MYKO KITCHEN

Webseite
kostenlos & interaktiv
bietet ungewöhliche Pilzrezepte
& inspirierende Kreativideen

Siebenkäfer Online Community
kostenlos & interaktiv
exklusiv auf Twitch & Instagram
gemeinsam voneinander lernen
bei Bestimmungslifestreams,
Berichten von Fortbildungen und
Aktivitäten rund um Artenkenntis
& Naturschutz

NABU | naturgucker Akademie

Online Lernort
kostenlos & interaktiv
bietet umfangreiches E-Learning-Angebot für Naturbegeisterte

In die Waldwildnis & Zukunftpilze
teilweise kostenlos & interaktiv
bietet Lernmaterialien, Konzepte,
Downloads, Exkursionen, Videos,
Podcast & Forschung über Pilze
im Bildungssystem

Wieder Wilder Werden

Online Community & Erlebnisort
teilweise kostenlos & interaktiv
bietet Naturerfahrung und Inhalte rund um das Thema
NATURE JOURNALING

Cheesy but true: Wir leben nicht losgelöst von der Natur, die uns umgibt, und haben gleichzeitig maßgeblichen Einfluss auf ihre Gestaltung und Nutzung. Lebewesen sind auf uns angewiesen: darauf, dass wir uns zu Expert*innen machen, dass wir ihnen Platz einräumen und bereit und kompetent genug sind, die aktuelle Krise der Biodiversität anzugehen. Dafür muss niemand zum Hardcore-Öko oder zur Umweltaktivistin werden. Es wäre schon viel gewonnen, wenn wir als Bevölkerung faule Kompromisse, Greenwashing und schlichtweg umweltschädigende Maßnahmen als solche erkennen und ablehnen. Dann kann es weitergehen - Schritt für Schritt, hin zu echten Lösungen. Wär das was?

Lesestoff

Auf Papier

Bresinsky, Andreas (2021): Pilze und Flechten – Morphologie, Systematik, Bestimmung. 1. Auflage, Heidelberg: Springer Spektrum

DGfM Fachausschuss PSV-Wesen (2024): Leitfaden für Pilzsachverständige. 2. Auflage, Karlsruhe: Deutsch Gesellschaft für Mykologie (DGfM)

Flück, Markus (2023): Welcher Pilz ist das? 7. Auflage, Stuttgart: Franckh-Kosmos Verlags-GmbH & Co. KG

Frotscher Nadja, Pruy, Christian (2021): Vom Suchen zum Finden – ein Reiseführer ins Reich der Pilze. 1. Auflage, Eigenverlag

Geib, Marion (2021): Myxomyceten – Kleiner Führer für Exkursionen. 3. Auflage, Kirkel, mgp-publications (Eigenverlag)

Gerber, Jean-Claude, Schwab, Nicolas (2021): Pilze – Bestimmungsbuch für unterwegs. 1. Auflage, VAPKO Deutschschweiz

Gerhardt, Ewald (2020): Der Große BLV Pilzführer. 5. Auflage, München: Gräfe und Unze Verlag GmbH

Gerl, Thomas (2023): Arten- und Formenkenntnis von Kindern und Erwachsenen am Beispiel der Wirbeltiere unter besonderer Berücksichtigung der Vögel. Dissertation, LMU München: Fakultät für Biologie
DOI: 10.5282/edoc.31993

Gmindner, Andreas, Karasch, Peter (2023): Das Kosmos Handbuch Pilze. 1. Auflage, Stuttgart: Franckh-Kosmos Verlags-GmbH & Co. KG

Guthmann, Jürgen (2024): Heilende Pilze weltweit. 3. Auflage, Wiebelsheim: Quelle & Meyer Verlag

Horak, E. (1968): Synopsis generum Agaricalium. Beiträge zur Kryptogamenflora der Schweiz. 13:1-744 DOI: https://doi.org/10.5169/seals-821077

Laessøe, Thomas, Petersen, Jens H. (2019): Fungi of Temperate Europe (Vol. 1 & 2). English Edition, Oxfordshire: Princeton University Press

Lowenhaupt Tsing, Anna (2022): Der Pilz am Ende der Welt.
6. Auflage, Berlin: MSB Matthes & Seitz Verlagsgesellschaft mbH

Lüder, Rita & Frank (2015): Die Geheimnisvolle Welt der Pilze.
1. Auflage, Bern: Haupt Verlag

Lüder, Rita (2022): Grundkurs Pflanzenbestimmung.
10. Auflage, Wiebelsheim: Quelle & Meyer Verlag GmbH & Co.

Millman, Lawrence (2019): Fungipedia - A Brief Compendium
of Mushroom Lore. Oxfordshire: Princeton University Press

Nyström, Jesper (2021): Planet der Pilze.
1. Auflage, Stuttgart: Franckh-Kosmos Verlags-GmbH & Co. KG

Ostendorf-Rodriguez, Yasmine (2023): Let's become fungal!
Mycelium Teachings and the Arts
1. Edition, Amsterdam: Valiz

Piepenbring, Meike (2022): Mykologie: Diversität, Morphologie, Ökologie
und Evolution der Pilze. 1. Auflage, Heidelberg: Springer Spektrum

Winkler, Rudolph, Keller, Gaby (2023): Pilze Mitteleuropas:
3800 Pilzarten schrittweise bestimmen. 1. Auflage, Bern: Haupt Verlag

Spektrum Kompakt 34 (2019): Im Reich der Pilze.
Heidelberg, Spektrum der Wissenschaft Verlagsgesellschaft mbH

Spektrum Kompakt 42 (2023): Pathogene Pilze
Heidelberg, Spektrum der Wissenschaft Verlagsgesellschaft mbH

Im Netz

123PILZE - SUCHMASCHINE, FORUM, DATENBANK
www.123pilze.de

DER TINTLING - DAS VIRTUELLE PILZBUCH
www.tintling.com/pilzbuch/artenindex

DER FUNDKORB - PILZKUNDE & PILZFÜHRUNGEN
www.fundkorb.de

STEINPILZ WISMAR - PILZBERATUNGSSTELLE
www.steinpilz-wismar.de

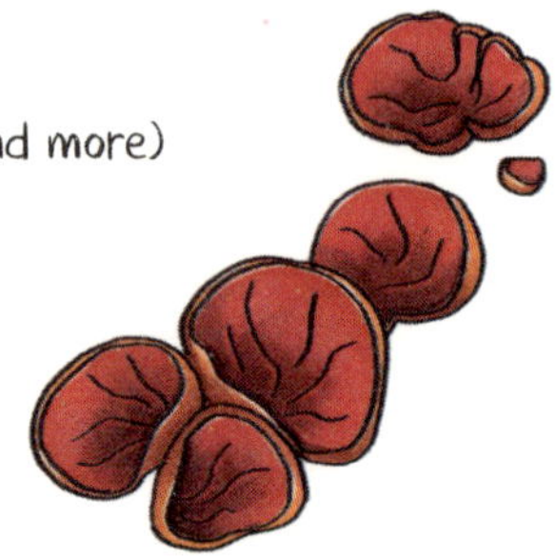

FIRST NATURE - SORTABLE FUNGI SPECIES LIST (and more)
www.first-nature.com/fungi/index1binom.php

MYKOKEY - PILZE BESTIMMEN
www.mycokey.com

DEUTSCHE GESELLSCHAFT FÜR MYKOLOGIE (DGfM)
www.dgfm-ev.de

VEREINIGUNG AMTLICHER PILZKONTROLLORGANE IN DER SCHWEIZ (VAPKO)
www.vapko.ch/de

ÖSTERREICHISCHE MYKOLOGISCHE GESELLSCHAFT
www.myk.univie.ac.at

BISA BIODIVERSITÄT IM SCHULALLTAG
www.bisa100.de

NABU NATURGUCKER AKADEMIE
www.nabu-naturgucker.de/akademie/

letzter Zugriff jeweils 23.03.2025

Weitere Anlaufstellen & Bezugsquellen

(eine Auswahl)

PILZCOACH BADENWEILER
Kurse | Bücher | Asurüstung
www.pilzcoach-badenweiler.de

MYKO-SERVICE
Literatur | Mikroskopierbedarf | Trüffel
www.myko-service.de

KREATIVPINSEL
Kurse | Lehrmaterial | Bücher
www.kreativpinsel.de

HAWLIK
Pilzkulturen & Pilzbrut
www.pilzbrut.de

LYKAIA
Kaffee & Kakao mit Pilzen
www.lykaia-nutrition.de

ALL ABOUT FUNGHI
Pilzkakao & mehr
www.allaboutfungi.net

PILZLEUBI
Alles für die Pilzzucht zu Hause
www.pilzleubi.com

GUT BEHÜTET
Pilzzucht | Workshops | Pilzprodukte
www.gutbehuetet.at

PILZSCHULE SCHWÄBISCHER WALD
Pilze | Pflanzen | Natur
www. pilzschule-schwaebischer-wald.de

PILZSCHULE DENNIS REGUL
Beratung | Wanderungen | Seminare
www.pilz.schule

SCHWARZWÄLDER PILZLEHRSCHAU
Seminare, Prüfungen & mehr
www.pilzzentrum.de

INTO THE WOODS
Workshops | Apparel | Kunst
www.intothewoods-mushrooms.com

Danke

Im März

Heute also tippe ich die letzten Zeilen in mein Manuskript. Die Pilze mit ihrer überbordenden Artenvielfalt waren keine leicht zu zähmende Gruppe, so viel steht fest. Ich hoffe, du hattest trotzdem (oder vielleicht gerade deshalb) Freude an der Lektüre dieses Buches.

Nach der Manuskriptabgabe heißt es wieder warten. Und so nutze ich die Zeit bis zum Erscheinen des Buches, um all jenen wundervollen Menschen Aufmerksamkeit zu schenken, die mich in den vergangenen Monaten bei der Arbeit an diesem Projekt begleitet haben. Das hat mittlerweile Tradition. Denn eines ist klar: Ohne Fachleute, Familie und ein wohlwollendes, wertschätzendes Umfeld hätte ich „Pilze für Ahnungslose" nur schwer umsetzen können.

An erster Stelle steht meine Familie: Ihr seid wie immer Testpublikum, Ruhepol und manchmal auch willkommene Ablenkung. Danke Wend, für deine Unterstützung und didaktische Expertise, für konstruktive Kritik und Geduld. Danke Titus und Wilma, dass ihr mich die Welt durch eure Augen neu erleben lasst. Ich lerne jeden Tag von euch und ich hoffe, ich lerne nie aus. Ich danke meinen Eltern Katalin und Stephan von Herzen. Ihr haltet uns den Rücken frei wann immer es euch möglich ist und habt so auch diesem Buch in die Welt geholfen.

Danke an das Team bei KOSMOS: für euer Vertrauen, euren Mut, neue Wege zu beschreiten, und eure Wertschätzung. Heiko, du Mushroom-Master! Danke für deine Begeisterung und deinen unerschütterlichen Glauben daran, dass dieses Buch gut wird - auch dann, wenn ich selber so sehr dran gezweifelt habe. Danke für die Care- und Buchpakete, die immer wieder an meiner Türschwelle landen. Ich freue mich jedes Mal unendlich darüber. You keep making my days. Danke Markus, für entspannte Vibes und geballte Kompetenz aus der Herstellung. Auch sechs Jahre nach dem Erscheinen meines ersten Buches ist KOSMOS noch eine wunderbare Heimat für mich als Autorin und Comiczeichnerin. Wer hätte gedacht, dass eine zufällige Fahrt bei der Mitfahrzentrale einmal solche Früchte tragen würde ...

Mein besonderer Dank gilt Verena für deine kostbare Zeit, deine Expertise und deinen wertvollen Input. Dir und Lisa danke ich von Herzen für eure unbezahlbare Gesellschaft. Alles für die Pilze!

Und natürlich danke ich auch euch da draußen, die ihr euch Bücher signieren lasst, mir immer wieder schreibt, wie sehr ihr auf Neuerscheinungen hinfiebert, euch mit mir austauscht und mir das Gefühl gebt, mit meinem Wissen und meinen Talenten etwas halbwegs sinnvolles auf den Weg zu bringen. Ihr könnt vermutlich nur schwer erahnen, wie viel euer Zuspruch mir als Autorin bedeutet. Keep it up and shroom on, ihr kleinen Morchelbecherlinge!

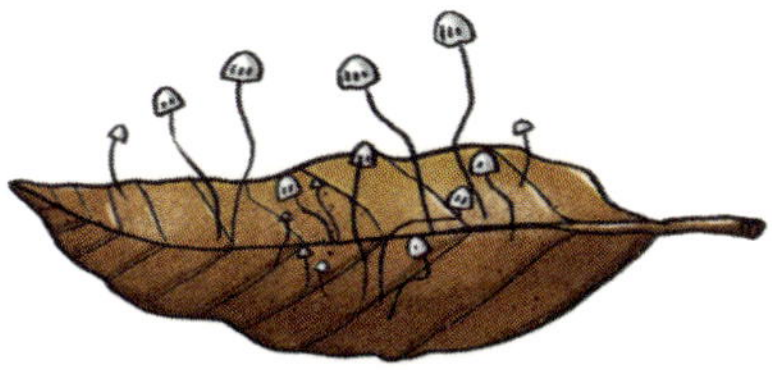

Véro

Impressum

Mit 458 Illustrationen von Véro Mischitz.
1 Illustration (Seite 2) von Wilma W.

Umschlaggestaltung von
Büro Jorge Schmidt, München & Véro Mischitz, Walzbachtal
unter Verwendung von Illustrationen von Véro Mischitz.

MIX
Papier | Fördert gute Waldnutzung
FSC® C106855

Gedruckt auf chlorfrei gebleichtem Papier

ISBN: 978-3-440-18115-7
Projektleitung/Redaktion: Heiko Fischer
Fachlektorat: Verena Maria Becker
Gestaltungskonzept und Satz: Véro Mischitz
Produktion: Markus Schärtlein
Druck und Bindung: Print Consult GmbH, München
Printed in Slovakia / Imprimé en Slovaquie

zu den Abbildungen

Die Zeichnungen in diesem Buch sind frei, die Pilzportraits nach Vorlage verschiedener Fotografien entstanden. Diese Portraits habe ich mit größter Sorgfalt und so naturnah wie möglich erarbeitet. Sie sollen dir einen guten ersten Eindruck der dargestellten Arten vermitteln Zur zweifelsfreien Bestimmung nimmst du bitte ein Bestimmungsbuch oder einen Schlüssel zur Hand. Besser noch: Du gehst mit einer erfahrenen Person auf Exkursion und lässt dir die Arten zeigen. Gehe kein Risiko ein und nutze bei Unsicherheiten das Beratungsangebot von Sachverständigen.